Cronache da Altri Mondi

Gli Alieni nell'Antichità e il Loro Impatto sulla Storia Umana

Dario Arcano

Copyright © 2024 Luca Pacini
Tutti i diritti riservati.

Indice dei Capitoli

Introduzione	1
Quando gli Dèi Discesero sulla Terra	8
Le Piramidi di Giza: Enigma di Pietra	15
I Giganti di Nazca	21
Stonehenge e i Misteri Astronomici	26
L'Ezechiele Cosmico	31
Gli Dèi dell'Olimpo e il Cielo Stellato	36
I Vimana: Carri Volanti dell'India	41
Le Mappe di Piri Reis: Una Terra Perduta	47
Le Batterie di Baghdad	52
Monumenti Sottomarini: Tracce di Atlantide?	58
Scritture dal Cielo	64
Astronavi nelle Caverne	71
I Sumeri e la Conoscenza Stellare	77
OOPArt: Oggetti Fuori dal Tempo	84
Il Genio di Leonardo: Ispirazione Aliena?	89
Il Messaggio delle Costellazioni	95
Gli Antenati delle Religioni	101
Contatti Proibiti	106
Segreti nelle Piramidi del Mondo	111
Le Navi del Tempo	116
L'Eredità Aliena nelle Scienze	121
Quando Torneranno?	126
Lezione dal Passato, Visione del Futuro	132
Conclusione	137

Introduzione

Esiste un momento preciso in cui un ricercatore, chino su tavole di pietra millenarie o intento a decifrare un manoscritto polveroso, allarga improvvisamente gli occhi. È l'istante in cui le certezze consolidate vacillano, il confine tra storia e mito si fa sottile, e l'idea stessa di ciò che chiamiamo civiltà si trasforma in un mistero ancora più profondo. Non è facile definire quel momento, ma spesso arriva come un dubbio che s'insinua fra le pieghe dell'archeologia ufficiale, come un sussurro in un corridoio remoto di un museo. Chiunque abbia provato una sensazione simile racconta di un brivido: l'architetto che studia proporzioni incredibilmente precise nelle antiche piramidi egizie, l'astronomo che scopre allineamenti stellari in monumenti sepolti dal tempo, l'antropologo che rintraccia lo stesso racconto di divinità scese dal cielo in tradizioni lontane migliaia di chilometri l'una dall'altra. È in questi punti di contatto, in queste fratture della narrazione consolidata, che emerge con forza la domanda centrale: e se i nostri antenati, in epoche così distanti da sfidare la memoria più arcaica, avessero davvero incontrato esseri venuti da altrove?

Non si tratta di inseguire fantasie stravaganti, ma di osservare con occhi nuovi quelle testimonianze che la storia non è mai riuscita a spiegare fino in fondo. La cosiddetta teoria degli antichi astronauti si muove su un terreno insidioso, tra rigore metodologico e ardore speculativo. I suoi sostenitori non si accontentano di prendere atto dei monumenti colossali, delle conoscenze matematiche e astronomiche sorprendenti, delle mitologie ricorrenti di dèi venuti dal cielo. Essi cercano invece di unire i puntini, di capire se ci sia un disegno più ampio, una storia comune che abbraccia le piramidi d'Egitto e le linee di Nazca in Perù, le leggende sumere e i miti vedici, i testi sacri della Bibbia e le memorie di civiltà scomparse. Questo libro nasce proprio dalla necessità di esplorare tale rete di connessioni apparentemente impossibili, accompagnando il lettore lungo un percorso che parte dalla domanda più elementare – l'umanità antica era davvero sola nel suo cammino evolutivo? – per giungere alle ipotesi più ardite, quelle che lambiscono i confini del pensiero scientifico e ci sfidano a ripensare la natura stessa del nostro passato.

La prima volta che mi imbattei in queste teorie ero ancora uno studente, immerso in codici miniati e cronache medievali. Ricordo l'emozione di fronte a un passo tratto dall'Epopea di Gilgamesh, dove si narra di dèi che istruiscono gli uomini sui segreti dell'agricoltura e della scrittura. Al tempo, interpretai quel frammento come semplice mitologia. Ma la vita di un ricercatore è fatta di incontri casuali, conversazioni fortuite e domande che si depositano nella mente come semi in attesa di germogliare. Col passare degli anni, ritrovai le stesse suggestioni in contesti completamente diversi: la descrizione di carrozze infuocate che solcano il cielo negli antichi testi indiani, le iscrizioni mesopotamiche che sembrano elencare conoscenze siderali non verificabili con i mezzi dell'epoca, le pitture rupestri di figure con copricapi insoliti e strane appendici tecnologiche. Non bastava più la spiegazione del mito come semplice frutto di fantasia umana. Troppe coincidenze, troppi frammenti convergevano verso un'ipotesi radicale: un tempo, qualcuno proveniente dalle stelle potrebbe aver incrociato il cammino dei nostri antenati.

Forse non esiste un monumento, un testo o un reperto singolo capace di inchiodarci alla verità. L'evidenza, se così la vogliamo chiamare, è distribuita in modo frammentario, sparsa come minuscoli indizi su ogni continente, in ogni grande civiltà antica. Pensiamo ai blocchi di pietra di Göbekli Tepe, eretti in Turchia oltre diecimila anni fa, prima dell'invenzione della ceramica e della ruota: come spiegare quella complessità e quella conoscenza strutturale così prematura nella storia umana? O consideriamo la precisione con cui gli antichi egizi tracciarono l'allineamento delle piramidi di Giza con Orione. Gli archeologi tradizionali offrono spiegazioni che si fondano su una combinazione di abilità tecniche e conoscenza empirica del cielo. Ciò che rimane inspiegabile è la portata di tali abilità in un contesto tecnologico teoricamente limitato. Alcuni studiosi, come il controverso ma celebre Erich von Däniken, hanno sostenuto che quelle costruzioni non fossero semplici tombe, bensì segnali, mappe, opere ingegneristiche realizzate con l'aiuto di visitatori stellari. Tale prospettiva viene spesso contestata dagli specialisti, e tuttavia resiste, come una nota dissonante che non si riesce a ignorare.

La Bibbia, tra i testi più studiati e interpretati della storia, offre immagini di carri ardenti che solcano i cieli, come nella visione del profeta Ezechiele. Per secoli si è pensato a metafore religiose, a interpretazioni simboliche. Alcuni ricercatori hanno invece avanzato l'idea che Ezechiele stesse descrivendo, per quanto potesse, ciò che oggi chiameremmo un dispositivo tecnologico estraneo al suo mondo. Simili riletture si trovano anche nei contesti della mitologia greca: i pantheon olimpici, con le loro intricate storie di dèi che discendono sulla Terra per insegnare o punire, potrebbero celare memorie deformate dal tempo di autentici contatti con esseri d'oltrecielo. Nella grande tradizione dell'India antica, i Vimana sono narrati come macchine volanti in grado di spostarsi tra le nuvole, veicoli di dèi e semidèi che apparivano agli uomini come fenomeni inspiegabili. Da qualche parte, nel corso dei millenni, il dato storico e l'interpretazione religiosa si sono fusi, formando un amalgama difficile da sciogliere, e forse proprio in questo intreccio si trova il vero cuore del mistero.

Se l'ipotesi degli antichi astronauti è stata spesso bollata come pseudoscienza, ciò è avvenuto in parte per l'atteggiamento inflessibile del metodo accademico, ma anche per l'eccessivo entusiasmo di alcuni suoi fautori, pronti a vedere extraterrestri ovunque. Il grande sforzo di chi vuole affrontare seriamente questa teoria sta nel distinguere tra l'immaginario popolare e le tracce più solide, tra i racconti mitologici facilmente spiegabili come allegorie e quegli indizi che non combaciano con le conoscenze tecnologiche di una determinata epoca. La ricerca, in questo senso, si fa complessa e sfumata. Quando si trovano pitture rupestri di migliaia di anni fa che mostrano figure con caschi e tute, si può liquidare la cosa come coincidenza, come fantasia primitiva. Ma perché identiche forme vengono ritratte in continenti diversi e in periodi storici tanto distanti, senza che vi sia stato alcun contatto tra le culture coinvolte?

In questo viaggio, chi legge sarà invitato a osservare antichi monumenti con occhi diversi, ad aprire testi sacri e mitologici cercando di andare oltre l'allegoria. Verranno prese in esame presunte prove archeologiche e oggetti fuori dal tempo, come le batterie di Baghdad o le mappe di Piri Reis, che sembrano anticipare di secoli scoperte geografiche o conoscenze scientifiche. Ci si chiederà se tali oggetti siano soltanto fraintendimenti degli studiosi moderni o se dietro di essi si celi una memoria antica di strumenti e tecnologie condivise con l'umanità da esseri più avanzati.

Questa introduzione non cerca di persuadere con l'arma retorica del dogma, né di sostituire le solide fondamenta dell'archeologia tradizionale con ipotesi non verificate. Al contrario, vuole aprire uno spazio di riflessione, permettere che la domanda emerga senza timore: e se le civiltà antiche non avessero creato ogni loro meraviglia a partire da zero, ma avessero ricevuto, in un passato estremamente remoto, un contributo esterno, una scintilla di conoscenza venuta da regioni del cosmo a noi ancora sconosciute?

La storia umana è come un grande arazzo, una trama complessa di fili intrecciati. Alcuni sono evidenti, splendono nella memoria collettiva: la nascita delle prime città, l'invenzione della scrittura, la diffusione delle grandi religioni. Altri fili però restano nascosti, annodati in angoli oscuri del tessuto del nostro passato, pronti a rivelarsi a chi sappia sollevare con cura i lembi della tradizione e gettare uno sguardo più penetrante. Da qui inizia un viaggio attraverso epoche dimenticate, dove le storie perdute delle nostre origini s'incontrano con le ipotesi più ardite, alla ricerca di tracce, indizi, segreti trascurati. Quel brivido iniziale, quell'istante in cui l'archeologo, l'astronomo o il semplice curioso si arresta a riflettere, potrebbe condurci a riconsiderare l'intera vicenda umana alla luce di incontri che non abbiamo mai osato prendere sul serio. E c'è la possibilità che, guardando meglio, non si tratti di semplici fantasie, bensì della chiave per capire davvero chi siamo e da dove veniamo.

Quando gli Dèi Discesero sulla Terra

C'era una notte senza luna nelle steppe del Medio Oriente, un silenzio interrotto soltanto dal soffio leggero del vento. L'antropologo che sedeva davanti a un fuoco improvvisato ricordava un frammento di antica leggenda sumerica, un canto dimenticato in cui si parlava di dèi che giungevano dalle stelle per insegnare all'uomo l'arte dell'agricoltura e delle costruzioni. Quella sera, mentre le stelle sembravano posarsi sul tetto invisibile del mondo, lui si chiese se quelle storie, lette in polverosi volumi nelle biblioteche occidentali, non fossero altro che poetiche invenzioni. Eppure, col tempo, quell'interrogativo aveva iniziato a scavare una nicchia nella sua mente, a germogliare come un seme di dubbio che non conosceva aridità.

In molte culture antiche si ritrovano narrazioni di esseri potentissimi, provenienti dall'alto, che intervengono nelle vicende umane. I popoli mesopotamici avevano i loro Anunnaki, esseri divini che, secondo i testi cuneiformi, un tempo convivevano con gli umani. Nelle mitologie precolombiane dell'America Centrale, si racconta di Quetzalcoatl, il serpente piumato disceso dal cielo per portare conoscenza. In Africa si narra di entità scese dal firmamento per dare forma ai primi villaggi e insegnare agli uomini a domare la terra.

Nell'antica Cina, i sovrani semi-mitici erano descritti come inviati celesti, dotati di poteri fuori dal comune. Questa ricorrenza non si limita a una sola area geografica o a un'unica epoca storica, ma attraversa continenti e millenni, come se un filo invisibile legasse i racconti delle tribù del deserto a quelli delle civiltà fluviali, e questi alle tradizioni dei popoli marittimi o di coloro che abitavano le montagne.

L'idea che tali dèi fossero in realtà visitatori da altri mondi non è nuova. Tra il XIX e il XX secolo, diversi studiosi curiosi e indipendenti iniziarono a farsi domande scomode. Perché tante culture descrivono i loro dèi come esseri luminosi che giungono dall'alto, portando con sé conoscenze scientifiche e tecniche in anticipo sui tempi? Una leggenda degli aborigeni australiani racconta che gli Wandjina, figure bianche dal grande capo tondeggiante, siano scese dal cielo per creare il paesaggio e istruire gli uomini su come vivere in armonia con l'ambiente. Queste storie, ripetute come un mantra millenario, suggeriscono la possibile memoria di antiche interazioni fra umani e visitatori non terrestri, un ricordo distorto e vestito di simboli che, col passare dei secoli, si è solidificato nella forma del mito.

Nel corso della ricerca, archeologi, antropologi e storici si sono interrogati su come interpretare questa convergenza di immagini e narrazioni. L'archeologia ufficiale tende a vedere nei miti un'espressione della fantasia umana, un modo per spiegare fenomeni naturali incomprensibili o per legittimare il potere di una classe sacerdotale. Questo approccio, per quanto rigoroso, talvolta non basta a spiegare la precisa coincidenza di certi dettagli: divinità che discendono su veicoli luminosi o su carri di fuoco, esseri che introducono la scrittura, la metallurgia, l'astronomia, l'agricoltura, come se avessero un piano, un progetto pedagogico ben definito. Il filosofo francese Mircea Eliade sottolineava come i miti non fossero soltanto invenzioni, bensì ricettacoli di una memoria antica che la mente umana non sa più elaborare in termini storici. Se vi fossero stati contatti con creature provenienti da altri pianeti, e se la percezione umana di quell'evento fosse stata trasfigurata dal linguaggio del sacro, potremmo forse intravedere tracce di una storia dimenticata proprio in questi racconti.

Uno dei casi più citati è quello degli dèi dell'Olimpo. La cultura greca è il punto di partenza di molte tradizioni occidentali, e i loro dèi, eternamente in lotta, amanti della guerra e del desiderio, potrebbero non essere altro che la proiezione umana di esseri estranei alla Terra. Già Platone e altri filosofi antichi suggerivano che i miti celassero verità più profonde. Quando Zeus scendeva fra i mortali per impartire lezioni, lanciando fulmini e ostentando un potere ben superiore a quello di qualsiasi re, chi può dire con certezza che non si trattasse di memorie deformate di una tecnologia sconosciuta all'umanità dell'epoca? Le antiche civiltà non avevano il linguaggio per descrivere un motore, un generatore di energia, o un mezzo di trasporto sopraelevato. Avrebbero così parlato di carri infuocati, di lampi divini, di volti nascosti da maschere dorate capaci di mutare le sorti di un regno con un solo gesto.

Analizzando i racconti dei Dogon, un popolo dell'Africa occidentale, gli antropologi hanno rilevato conoscenze avanzate su Sirio, un sistema stellare difficile da osservare a occhio nudo. I Dogon raccontavano di nomo, entità anfibie venute dal cielo, ma la scienza accademica era scettica e cercava di spiegare il fenomeno come una trasmissione di informazioni da esploratori europei. Tuttavia, queste coincidenze restano in sospeso, come domande senza risposta certa. E lo stesso vale per le civiltà mesoamericane, che conoscevano con precisione i cicli di Venere e li inserivano nei loro calendari. Fu solo intuizione astronomica affinata dalla necessità del raccolto, oppure la diretta eredità di insegnamenti impartiti da esseri che sapevano già come muoversi tra le orbite planetarie?

Alcuni documenti dell'antico Egitto descrivono

esseri che giungono in barche celesti, come se solcassero un mare stellato. Le popolazioni vediche, in India, parlano diffusamente dei Vimana, veicoli in grado di viaggiare tra cielo e terra. In questi racconti non compaiono termini come "astronave" o "extraterrestre", naturalmente. Sono concetti moderni, nati in un contesto tecnologico e linguistico ben diverso da quello antico. Ma gli indizi restano impressi nelle forme dell'arte rupestre e nelle iscrizioni conservate nel tempo. Nell'Australia preistorica si trovano pitture che ricordano figure con enormi teste e occhi mandorlati, nella Val Camonica, in Italia, incisioni su roccia mostrano scene apparentemente inspiegabili con soggetti umanoidi circondati da sfere. Questi segni tangibili si sommano alle parole tramandate da generazioni: gli dèi insegnarono, gli dèi costruirono, gli dèi forgiarono utensili, gli dèi crearono l'uomo a loro immagine. L'uomo imparò e, dopo che quegli esseri se ne furono andati, continuò a narrare le loro gesta per non dimenticarli.

Un altro aspetto intrigante è la straordinaria somiglianza tra certe narrazioni provenienti da culture che non ebbero mai alcun contatto. Le storie di visitatori celesti non sono un fenomeno isolato, ma si ripropongono con temi ricorrenti: l'arrivo dall'alto, l'insegnamento di tecniche avanzate, l'uso di mezzi di trasporto volanti, la promessa di ritornare un giorno. Questo schema narrativo rimbalza tra gli altopiani delle Ande, le sponde del Tigri e dell'Eufrate, i templi di Angkor e i villaggi tribali dispersi nel Pacifico. Certo, un antropologo scettico potrebbe obiettare che l'uomo ha sempre guardato il cielo in cerca di risposte, e che queste somiglianze sono frutto di una psicologia umana universale. Ma come spiegare le conoscenze specifiche, la coerenza di dettagli tecnologici incomprensibili per l'epoca, la costanza del riferimento a veicoli e macchine che non avrebbero dovuto esistere?

Le menti più aperte tra gli studiosi iniziano a intravedere una possibilità: che i miti siano una finestra su eventi reali, trasfigurati nel tempo da un linguaggio religioso e simbolico. Se gli dèi non fossero altro che esseri in carne e ossa provenienti da un'altra stella, imperscrutabili nella loro scienza e potenza, la reazione dell'uomo primitivo sarebbe stata proprio quella di divinizzarli. Il dio sceso dal cielo è la naturale traduzione di chi ha visto qualcosa di impossibile, di chi si è trovato di fronte a una tecnologia incapace di comprendere. Per secoli gli studiosi hanno letto questi racconti come favole, metafore poetiche o deliri di popoli primitivi. Oggi possiamo provare a rileggerli alla luce di ciò che sappiamo sull'Universo, sulla pluralità dei sistemi solari, sulla probabilità di vita intelligente altrove. Se la Terra non è che un granello in un oceano sterminato di pianeti e stelle, non è forse possibile che qualcuno sia giunto davvero tra noi, migliaia di anni fa, e abbia lasciato un segno indelebile nel cuore dell'uomo?

L'antropologo al bivacco, finito il suo tè amaro, sollevò lo sguardo verso le costellazioni. Pensava ai Sumeri e agli Anunnaki, ai Dogon e al mistero di Sirio, alle popolazioni indigene che lodavano il Cielo come fonte di ogni conoscenza. Gli tornava in mente una frase attribuita a un anziano sciamano: "Ascolta il vento della notte, esso porta il canto di chi ci ha insegnato a parlare, a lavorare il metallo, a contare le stelle." Qualcosa, nel ricordo di quelle parole, sembrava suscitare una tensione antica, come se il passato, a distanza di millenni, tendesse la mano per farsi riconoscere ancora. Nulla vieta di immaginare che ciò che è stato cristallizzato nel mito non fosse solo frutto di fervida immaginazione, ma un racconto di incontri reali, dimenticati, eppure presenti in ogni narrazione che celebri l'arrivo di dèi venuti dall'alto. Tra le stelle e la polvere dei millenni, rimane la possibilità che l'uomo, da sempre, non sia stato del tutto solo.

Le Piramidi di Giza: Enigma di Pietra

Il sole tramontava lentamente sull'orizzonte, dipingendo le piramidi di Giza con sfumature dorate e rosate. In quel momento di quiete apparente, uno studioso solitario si aggirava tra le ombre allungate delle maestose strutture, il cuore colmo di meraviglia e di domande irrisolte. Come avevano potuto costruire tali monumenti con una precisione e una scala che sfidavano la logica delle tecnologie dell'epoca? Questa domanda, apparentemente semplice, era al centro di uno dei più affascinanti misteri archeologici della storia umana.

Le piramidi di Giza, simboli eterni dell'antica civiltà egizia, non cessano di stupire e intrigare studiosi e appassionati. La Grande Piramide, in particolare, si erge come un monumento alla maestria ingegneristica e alla complessità organizzativa degli antichi egizi. Ma cosa si cela dietro questa straordinaria realizzazione? Mentre gli archeologi tradizionali attribuiscono la costruzione delle piramidi all'ingegno umano, alle capacità matematiche e alla forza lavoro mobilitata, una teoria alternativa suggerisce che queste meraviglie architettoniche possano essere state influenzate, o addirittura direttamente costruite, da visitatori extraterrestri.

Immaginiamo per un attimo di tornare indietro nel tempo, nell'Egitto del 2500 a.C., quando l'impero stava fiorendo lungo il Nilo. Le piramidi non erano solo tombe monumentali per i faraoni, ma anche simboli di potere e di connessione con il divino. La precisione con cui ogni pietra era tagliata e posizionata, la straordinaria allineamento delle piramidi con le stelle di Orione, e la complessità dei sistemi interni sollevano interrogativi che vanno oltre la mera capacità umana dell'epoca. Alcuni teorici degli antichi astronauti sostengono che tali opere potrebbero essere state ispirate o addirittura dirette da una tecnologia avanzata non originaria della Terra.

Un dato sorprendente riguarda la composizione chimica del calcare utilizzato nelle piramidi. Recenti analisi hanno rivelato la presenza di tracce di isotopi che non corrispondono alle fonti terrestri conosciute. Questo, secondo alcuni, potrebbe suggerire l'uso di materiali provenienti da altre regioni del cosmo, un indizio della possibile influenza aliena nella costruzione. Ma è davvero plausibile? La scienza tradizionale risponde con cautela, proponendo spiegazioni geologiche e tecniche per tali anomalie. Tuttavia, l'evidenza frammentaria non può essere completamente ignorata.

Consideriamo la piramide di Cheope, con la sua base perfettamente quadrata e i suoi angoli che si allineano quasi esattamente ai punti cardinali. Come potrebbero gli antichi egizi, con le loro conoscenze limitate di ingegneria e matematica, aver raggiunto tale precisione? La teoria degli antichi astronauti suggerisce che potrebbe esserci stata una guida esterna, un'influenza tecnologica che ha permesso loro di realizzare ciò che altrimenti sarebbe stato impossibile. Alcuni sostengono che le linee di energia o i presunti meccanismi di levitazione presenti all'interno delle piramidi siano testimonianze di una tecnologia avanzata non terrestre.

Non si tratta solo di teorie speculative, ma di un tentativo di spiegare l'inspiegabile. Gli egizi avevano un profondo rispetto per la conoscenza astronomica, evidente nell'allineamento delle piramidi con le stelle di Orione, considerate dalla cultura egizia come simbolo del cielo e del regno divino. Alcuni ricercatori hanno ipotizzato che questa connessione stellare possa essere un messaggio o un segno di comunicazione con altre civiltà stellari, un linguaggio silenzioso inciso in pietra che trascende il tempo e lo spazio.

L'importanza delle piramidi va oltre la loro funzione funeraria. Esse rappresentano un sistema complesso di energia e simbolismo, un perfetto equilibrio tra il mondo terreno e quello celeste. Questo equilibrio, secondo alcuni teorici, potrebbe essere stato reso possibile solo attraverso l'utilizzo di tecnologie avanzate, forse fornite da visitatori di altri mondi. Le piramidi, in questa luce, diventano non solo monumenti ma anche dispositivi di connessione cosmica, un ponte tra l'umanità e le stelle.

Tuttavia, non possiamo dimenticare l'incredibile ingegnosità umana. Le piramidi di Giza sono il risultato di decenni di lavoro organizzato, di una conoscenza avanzata di matematica e astronomia, e di una forza lavoro straordinariamente efficiente. Le tecniche di costruzione, sebbene sorprendenti, possono essere spiegate attraverso metodi di sollevamento e di trasporto delle pietre che, sebbene rudimentali rispetto agli standard moderni, erano altamente sofisticati per l'epoca.

Ma se ci concediamo di esplorare oltre le spiegazioni convenzionali, cosa rimane? Un enigma avvolto nel mistero, dove il confine tra ciò che è umano e ciò che è potenzialmente extraterrestre diventa sempre più labile. La possibilità che le piramidi di Giza siano state influenzate da una conoscenza non terrestre non è una conclusione definitiva, ma piuttosto una provocazione alla nostra comprensione della storia e della tecnologia antica.

Le piramidi continuano a suscitare ammirazione e curiosità. Ogni pietra, ogni passaggio interno, ogni allineamento stellare è un tassello di un puzzle che ancora non riusciamo a completare. La teoria degli antichi astronauti offre una prospettiva affascinante, anche se controversa, che ci invita a guardare oltre i confini delle spiegazioni tradizionali e a considerare l'immensità dell'universo e le sue possibili influenze sulla nostra evoluzione culturale e tecnologica.

Mentre il sole scompare dietro le piramidi, lasciando spazio a un cielo stellato che ha ispirato miti e leggende per millenni, la domanda rimane: chi ha realmente costruito queste meraviglie? Se l'umanità ha raggiunto tali traguardi con le proprie forze, le piramidi sono testimonianze della nostra resilienza e ingegnosità. Se, invece, vi è stata un'influenza extraterrestre, esse rappresentano una connessione profonda e antica con altre forme di vita intelligenti nell'universo.

L'esplorazione di questo mistero non è solo un viaggio attraverso le pietre millenarie di Giza, ma anche un'esplorazione delle nostre stesse convinzioni e delle potenzialità della nostra conoscenza. Le piramidi di Giza rimangono un simbolo eterno della nostra ricerca di significato, di comprensione e, forse, di connessione con qualcosa di più grande di noi. In questo enigma di pietra, l'uomo trova non solo la propria storia, ma anche le infinite possibilità del futuro.

I Giganti di Nazca

Il sole sorgeva lentamente sopra il deserto di Nazca, tingendo di arancione e rosso i vasti geoglifi che si estendevano all'orizzonte. Un silenzio profondo avvolgeva la terra, interrotto solo dal lieve fruscio del vento che sollevava piccole dune di sabbia. In quel panorama surreale, un ricercatore si fermò a contemplare una delle figure più enigmatiche di tutta la linea: un gigante dalle braccia allungate, le cui dimensioni e proporzioni sfidavano la logica della sua epoca.

Le linee di Nazca, patrimonio mondiale dell'UNESCO, sono da decenni al centro di dibattiti e speculazioni. Questi giganteschi disegni tracciati nel terreno peruviano, visibili solo dall'alto, rappresentano animali, figure umane e forme geometriche che, fino ad oggi, non trovano una spiegazione definitiva. Mentre gli archeologi tradizionali vedono in essi manifestazioni religiose, calendari astronomici o semplicemente espressioni artistiche sofisticate, una teoria alternativa e affascinante suggerisce che le linee di Nazca possano essere state progettate come segnali per visitatori extraterrestri.

Il paradosso risiede nella complessità e nella precisione di questi geoglifi. Come possono civiltà antiche, con tecnologie apparentemente limitate, aver creato disegni così intricati e di dimensioni imponenti? La teoria degli antichi astronauti propone che tali opere potrebbero essere state ispirate o addirittura guidate da conoscenze aliene, capaci di realizzare segnali visibili solo dall'alto, come quelli osservati dagli avvistamenti UFO.

Un dato sorprendente riguarda la perfetta allineazione di alcune linee con le costellazioni di Orione e del Croce del Sud. Questo allineamento suggerisce un intento comunicativo che trascende le semplici funzioni decorative o rituali. Se le linee di Nazca fossero effettivamente segnali destinati a visitatori dallo spazio, potrebbero rappresentare un tentativo delle antiche civiltà di stabilire un contatto con altre forme di vita intelligenti nell'universo. Ma è questa un'interpretazione plausibile o un mero prodotto della fantasia moderna?

La risposta potrebbe risiedere nell'osservazione dei dettagli tecnici e delle implicazioni culturali delle linee di Nazca. Prendiamo, ad esempio, la figura del condor, una delle linee più iconiche. Con una lunghezza di circa 93 metri, questa figura si staglia imponente nel deserto, le ali spiegate come se fosse pronta a prendere il volo. La precisione dei tracciati, realizzata rimuovendo strati di pietra rossa per rivelare il terreno più chiaro sottostante, indica una conoscenza avanzata di geometria e pianificazione urbana. Tuttavia, come spiegare la scelta di disegnare animali e figure che potrebbero fungere da punti di riferimento per avvistamenti aerei?

Un aneddoto interessante riguarda il lavoro di Maria Reiche, una matematica tedesca che dedicò la sua vita allo studio delle linee di Nazca. Reiche osservò che molte delle linee convergevano verso specifici punti astronomici, suggerendo un legame tra i geoglifi e eventi celesti. "Le linee di Nazca non sono solo disegni, ma un linguaggio, una forma di comunicazione," affermava Reiche, lasciando spazio a interpretazioni che vanno oltre le spiegazioni tradizionali.

Tuttavia, non possiamo ignorare le spiegazioni più convenzionali. Gli archeologi propongono che le linee fossero utilizzate per rituali religiosi o come calendari astronomici, riflettendo l'importanza delle stelle e del calendario solare nella vita quotidiana delle popolazioni locali. La pratica di creare disegni nel deserto potrebbe aver avuto uno scopo pratico legato alla navigazione o alla misurazione del tempo, piuttosto che un intento comunicativo verso entità extraterrestri.

Ma se consideriamo la vastità del cielo e la possibilità che forme di vita intelligenti esistano altrove nell'universo, la teoria degli antichi astronauti non può essere completamente scartata.

Le linee di Nazca, con la loro imponenza e misteriosa bellezza, potrebbero rappresentare una forma primitiva di comunicazione interstellare, un tentativo delle antiche civiltà di connettersi con altre intelligenze cosmiche. Questo pensiero ci spinge a riflettere sul nostro ruolo nell'universo e sulla possibilità che la nostra storia sia intrecciata con quella di altre forme di vita.

Un altro elemento da considerare è la conoscenza avanzata degli antichi egizi e delle popolazioni precolombiane in materia di astronomia. La precisione con cui le piramidi di Giza sono allineate con le stelle di Orione, e la complessità delle linee di Nazca, suggeriscono un livello di comprensione del cielo notturno che andava oltre quello che si potrebbe aspettare da quelle civiltà. Se tali conoscenze non fossero state acquisite attraverso l'osservazione e lo studio, potrebbe essere plausibile che siano state trasmesse da una fonte esterna, forse extraterrestre.

Nonostante le affascinanti ipotesi, è fondamentale mantenere un approccio critico e rigoroso nell'analisi di questi misteri. La scienza e l'archeologia devono continuare a esplorare tutte le possibilità, bilanciando la mente aperta con il rigore metodologico. Le linee di Nazca rimangono un enigma, un invito a guardare oltre i confini delle nostre conoscenze e a considerare le infinite possibilità che l'universo ci offre.

Mentre il sole si alzava completamente, illuminando le linee di Nazca in tutta la loro maestosità, il ricercatore si rese conto che, indipendentemente dalla verità, queste figure continuavano a ispirare meraviglia e curiosità. Che fossero il risultato di un'ingegnosità umana straordinaria o di un incontro con visitatori dallo spazio, le linee di Nazca rappresentano uno dei più affascinanti capitoli della nostra storia antica, un ponte tra il passato e le infinite possibilità del futuro.

In quel momento di riflessione, il ricercatore si chiese: se gli antichi riuscirono a tracciare queste linee con una precisione così sorprendente, cosa potrebbe riservarci il futuro? Le linee di Nazca, con il loro mistero eterno, rimangono un simbolo della nostra incessante ricerca di conoscenza e del desiderio di comprendere il nostro posto nell'universo. Forse, un giorno, riusciremo a decifrare completamente questo enigma, scoprendo se le nostre origini sono state influenzate da visitatori dallo spazio o se rappresentano semplicemente la genialità umana al suo apice.

Stonehenge e i Misteri Astronomici

La brezza leggera del mattino accarezzava le pietre di Stonehenge, creando un gioco di luci e ombre che accentuava l'aura mistica del sito. In quel silenzio carico di storia, un archeologo si fermò a contemplare l'allineamento preciso delle grandi pietre rispetto alle stelle. Le linee immutate da millenni sembravano disegnare un linguaggio segreto, un messaggio criptato nell'oscurità della notte. Ma cosa poteva significare realmente questa perfetta armonia tra terra e cielo? La domanda echeggiava nella sua mente, alimentando una curiosità che andava oltre le spiegazioni convenzionali.

Stonehenge, uno dei monumenti preistorici più famosi al mondo, è da sempre avvolto da un alone di mistero. Le sue pietre massicce, alcune delle quali trasportate da distanze che ancora oggi sembrano insormontabili, si ergono come guardiani silenziosi di una conoscenza antica e avanzata. Gli archeologi tradizionali attribuiscono la costruzione di Stonehenge a sofisticate tecniche di ingegneria e a una profonda comprensione astronomica da parte delle popolazioni neolitiche. Tuttavia, una teoria alternativa suggerisce che queste straordinarie realizzazioni potrebbero essere state influenzate, o addirittura dirette, da visitatori extraterrestri.

Un dato sorprendente riguarda l'allineamento di Stonehenge con gli equinozi. Durante il solstizio d'estate, il sole sorge direttamente sopra l'Altar Stone, illuminando il centro del monumento in modo spettacolare. Questo fenomeno suggerisce una progettazione cosmica che va oltre la mera osservazione empirica. Alcuni teorici degli antichi astronauti interpretano questo allineamento come un segno di una conoscenza astronomica avanzata, forse impartita da una civiltà extraterrestre che aveva visitato la Terra migliaia di anni prima.

Immaginiamo di tornare indietro nel tempo, nell'epoca in cui Stonehenge veniva costruito. Le popolazioni neolitiche, con risorse limitate e tecnologie rudimentali, riuscivano a erigere un monumento di tale complessità e precisione. Come potevano questi antichi costruttori allineare le pietre con le stelle in modo così accurato? La teoria degli antichi astronauti propone che potessero aver ricevuto assistenza da visitatori provenienti da altri mondi, capaci di fornire conoscenze avanzate di ingegneria e astronomia.

Un aneddoto interessante riguarda l'uso di strumenti di misurazione non convenzionali trovati nelle vicinanze di Stonehenge. Alcuni ricercatori hanno scoperto dispositivi che sembrano superare le capacità tecniche dell'epoca, suggerendo una possibile fonte di ispirazione non terrestre. Questi strumenti, se autentici, potrebbero indicare che le conoscenze necessarie per costruire Stonehenge erano state trasmesse da una fonte esterna, un concetto che sfida le tradizionali interpretazioni storiche.

Ma se consideriamo la scienza tradizionale, emerge una spiegazione altrettanto affascinante. Gli archeologi evidenziano che la costruzione di Stonehenge richiese un'organizzazione sociale straordinaria, competenze matematiche avanzate e una profonda comprensione delle rotazioni celesti. La teoria dell'evoluzione culturale sostiene che queste capacità si siano sviluppate gradualmente attraverso l'osservazione diretta del cielo e la necessità di segnare i cicli stagionali per l'agricoltura. In questo contesto, Stonehenge diventa un simbolo della resilienza e dell'ingegno umano, una testimonianza della nostra capacità di interpretare e interagire con l'ambiente naturale.

Tuttavia, la precisione degli allineamenti astronomici di Stonehenge solleva ancora interrogativi. Come potevano le popolazioni neolitiche, senza strumenti moderni, raggiungere tale accuratezza? Alcuni suggeriscono che potrebbero aver utilizzato tecniche di osservazione avanzate, basate su strumenti primitivi ma efficaci, o che Stonehenge fosse parte di un complesso sistema di osservatori astronomici distribuiti nella regione. Queste ipotesi rafforzano l'idea che la costruzione di Stonehenge fosse un'impresa collettiva, basata su una conoscenza condivisa e su pratiche rituali profondamente radicate nella cultura neolitica.

Ma torniamo al ricordo dell'archeologo al bivacco, che osservava le pietre allineate con le costellazioni. Si chiese se non fosse stata una memoria collettiva, tramandata attraverso generazioni, un ricordo di incontri passati con esseri avanzati. "Forse," pensò, "Stonehenge non è solo un monumento alla nostra intelligenza, ma anche un ponte verso qualcosa di più grande, un collegamento con le stelle." Questa riflessione lo portò a considerare le implicazioni di una possibile influenza extraterrestre sulla nostra evoluzione culturale e tecnologica.

Le teorie degli antichi astronauti spesso incontrano scetticismo e critica da parte della comunità scientifica. Tuttavia, non si può negare l'affascinante possibilità che la nostra storia sia stata influenzata da forze esterne, capaci di spingere l'umanità verso traguardi impensabili. Le linee di Nazca, le piramidi di Giza e Stonehenge potrebbero essere parte di un disegno più ampio, un mosaico di incontri e scambi cosmici che hanno plasmato il corso della nostra evoluzione.

Mentre il sole si alzava completamente, illuminando Stonehenge in tutta la sua maestosità, l'archeologo comprese che il mistero di questo sito non era destinato a essere completamente risolto. La bellezza di Stonehenge risiedeva proprio nella sua capacità di evocare domande senza risposte definitive, stimolando la nostra immaginazione e la nostra sete di conoscenza. Che Stonehenge fosse il risultato di un'intelligenza umana straordinaria o di un'influenza extraterrestre, rimane una testimonianza eterna della nostra incessante ricerca di significato e connessione con l'universo.

In quel momento di riflessione, l'archeologo si rese conto che Stonehenge, con i suoi misteri astronomici, rappresentava non solo un capitolo della nostra storia antica, ma anche un invito a guardare oltre i confini delle nostre conoscenze. Forse, un giorno, riusciremo a decifrare completamente questo enigma, scoprendo se le nostre origini sono state influenzate da visitatori dallo spazio o se rappresentano semplicemente la genialità umana al suo apice. Fino ad allora, Stonehenge continuerà a ispirare meraviglia e curiosità, un monumento eterno che ci ricorda la vastità dell'universo e le infinite possibilità che esso offre.

L'Ezechiele Cosmico

La sabbia scottante del deserto giordano si estendeva infinita sotto un cielo limpido, mentre il profeta Ezechiele camminava solitario tra le dune. Improvvisamente, il silenzio fu spezzato da un bagliore accecante e da un rumore assordante, come se il cielo stesso si stesse aprendo. Davanti a lui, un carro di fuoco si materializzò, circondato da figure luminose e movimenti che sfidavano ogni logica terrestre. Questa visione, raccontata nelle pagine della Bibbia, ha affascinato e inquietato per secoli, lasciando spazio a interpretazioni che vanno oltre il semplice simbolismo religioso.

La teoria degli antichi astronauti propone che incontri come quello di Ezechiele possano essere stati reali contatti con visitatori extraterrestri. Ma cosa spinge questa interpretazione? Analizzando il testo biblico, emerge una descrizione dettagliata di entità che sembrano dotate di tecnologia avanzata: ruote all'interno di ruote, occhi ovunque e movimenti rapidi e fluidi. Questi elementi possono ricordare più una macchina sofisticata che un veicolo terreno. La domanda provocatoria diventa inevitabile: Ezechiele non stava forse descrivendo un velivolo alieno, piuttosto che un carro divino?

Per comprendere appieno questa teoria, è essenziale

esaminare il contesto storico e culturale dell'epoca. Nel V secolo a.C., le popolazioni di quella regione avevano una comprensione limitata della tecnologia e della scienza moderna. Un evento così straordinario avrebbe potuto essere interpretato attraverso la lente del soprannaturale e del divino. Tuttavia, la precisione dei dettagli descritti nella visione di Ezechiele suggerisce qualcosa di più di una mera fantasia spirituale. Le ruote multiple, che si muovono in direzioni differenti, potrebbero rappresentare una sorta di meccanismo di navigazione avanzato, mentre gli occhi onnipresenti potrebbero indicare sensori o sistemi di sorveglianza.

Un dato sorprendente riguarda l'analisi delle descrizioni di Ezechiele alla luce delle conoscenze tecnologiche moderne. Gli scienziati e gli appassionati di UFO hanno notato che alcune delle caratteristiche del carro di fuoco rispecchiano elementi presenti nei disegni di aerei e velivoli spaziali contemporanei. Ad esempio, la struttura a ruote potrebbe ricordare i motori di un jet, mentre le figure luminose potrebbero essere interpretate come luci di navigazione o indicatori di posizione. Questo parallelismo alimenta l'ipotesi che Ezechiele possa aver avuto un incontro con una tecnologia non terrestre, mal interpretata attraverso il linguaggio e le concezioni del suo tempo.

Tuttavia, la comunità accademica rimane scettica. Gli studiosi tradizionali vedono la visione di Ezechiele come un'esperienza mistica, simbolica e spirituale, parte integrante della fede e della cultura religiosa. La metafora del carro di fuoco è interpretata come una rappresentazione della presenza divina e del potere di Dio, piuttosto che una descrizione letterale di un evento fisico. Questa interpretazione simbolica è supportata dalla mancanza di prove concrete che colleghino direttamente la Bibbia a fenomeni extraterrestri.

Nonostante lo scetticismo accademico, le interpretazioni alternative continuano a guadagnare terreno, alimentate dalla crescente apertura verso teorie non convenzionali. Le scoperte archeologiche moderne, che spesso rivelano tecnologie e conoscenze sorprendenti delle antiche civiltà, contribuiscono a mantenere viva la discussione. Le piramidi di Giza, le linee di Nazca e Stonehenge sono solo alcuni esempi di monumenti che, per alcuni, suggeriscono un'influenza esterna nella loro costruzione. Se consideriamo l'ipotesi che queste civiltà abbiano avuto accesso a conoscenze avanzate, non possiamo ignorare la possibilità che tali informazioni siano state trasmesse da visitatori di altri mondi.

Un aneddoto emblematico riguarda il linguista e filosofo Erich von Däniken, pioniere della teoria degli antichi astronauti. Von Däniken ha spesso citato la visione di Ezechiele come prova di incontri alieni, sottolineando la mancanza di spiegazioni convenzionali per alcune delle descrizioni più enigmatiche. "Stonehenge, le piramidi e le visioni profetiche," afferma, "sono tutte testimonianze di un'interazione tra l'umanità e una civiltà avanzata proveniente dalle stelle." Questa visione, seppur controversa, invita a riflettere su come interpretiamo gli eventi straordinari del passato e su cosa possiamo imparare da loro riguardo al nostro posto nell'universo.

La riflessione sull'Ezechiele cosmico va oltre la semplice analisi testuale. Essa tocca il cuore della nostra comprensione dell'origine e dell'evoluzione umana. Se le civiltà antiche avessero effettivamente avuto contatti con esseri extraterrestri, ciò avrebbe implicazioni profonde non solo per la storia, ma anche per la filosofia, la religione e la nostra percezione di noi stessi. Questo pensiero ci porta a considerare la nostra evoluzione come parte di un contesto cosmico più ampio, in cui l'interazione con altre forme di vita intelligenti potrebbe aver giocato un ruolo cruciale nel plasmare la nostra società.

Mentre esploriamo le possibilità offerte dalla teoria degli antichi astronauti, è importante mantenere un equilibrio tra apertura mentale e rigore scientifico. Le interpretazioni alternative, come quella di

Ezechiele, devono essere esaminate con attenzione, valutando sia le prove a sostegno che le controargomentazioni. La scienza progredisce attraverso il dibattito e la revisione delle ipotesi, e il mistero di Stonehenge e delle visioni profetiche rimane un campo fertile per nuove scoperte e nuove prospettive.

L'Ezechiele cosmico, con la sua fusione di spiritualità e tecnologia, rappresenta uno degli esempi più affascinanti e controversi della teoria degli antichi astronauti. Che si tratti di una visione simbolica del divino o di un ricordo di incontri extraterrestri, essa continua a stimolare la nostra curiosità e a spingere i confini della nostra comprensione. In un mondo in cui le scoperte scientifiche continuano a svelare i segreti del passato, la domanda rimane: quali altri misteri si celano tra le pieghe della nostra storia, pronti a essere scoperti e reinterpretati alla luce delle infinite possibilità dell'universo?

Gli Dèi dell'Olimpo e il Cielo Stellato

Una notte limpida avvolgeva il Monte Olimpo, illuminato dalle stelle che brillavano come occhi eterni nel vasto firmamento. In quel silenzio cosmico, un antico raccontatore sedeva sotto un ulivo secolare, intento a narrare le gesta degli dei greci. Ma cosa se quei racconti non fossero solo miti, ma frammenti di una realtà più vasta, dove il divino si intreccia con l'extraordinario?

Le storie degli dèi dell'Olimpo hanno affascinato l'umanità per millenni. Zeus, re degli dei, Atena, dea della saggezza, Poseidone, signore dei mari – tutte figure potenti che governavano il mondo con poteri sovrumani. Ma cosa se questi dèi non fossero soltanto entità mitologiche, ma rappresentazioni simboliche di interazioni reali con esseri provenienti da altre stelle?

Un paradosso emerge quando consideriamo la sofisticazione delle leggende greche. Gli dèi dell'Olimpo possedevano conoscenze e tecnologie che andavano ben oltre quelle umane dell'epoca. Atena, ad esempio, era considerata la padrona dell'artigianato e della strategia militare, mentre Apollo dominava la musica, la poesia e la medicina. Queste abilità avanzate potrebbero essere viste non solo come attributi divini, ma come simboli di conoscenze acquisite attraverso contatti con civiltà extraterrestri.

Un dato sorprendente è l'allineamento di alcuni templi greci con configurazioni stellari complesse. Il Tempio di Apollo a Delfi, considerato il centro del mondo antico, è posizionato in modo tale da allinearsi con certe costellazioni durante eventi astronomici specifici. Questo potrebbe suggerire una comprensione avanzata dell'astronomia, forse influenzata da osservazioni provenienti da altre parti dell'universo. Se gli antichi greci avessero avuto accesso a conoscenze astronomiche non originarie della Terra, potrebbe essere plausibile pensare a una fonte esterna di saggezza.

Un aneddoto intrigante riguarda l'epica figura di Hermes, messaggero degli dei. Descritto come un viaggiatore agile e rapido, Hermes potrebbe essere interpretato come un simbolo di tecnologia avanzata, forse simile ai moderni velivoli o dispositivi di comunicazione. Le sue ali ai piedi e il caduceo, bastone adornato di serpenti, potrebbero rappresentare elementi tecnologici avanzati, mal interpretati attraverso il linguaggio mitologico.

Le similitudini tra le storie degli dèi greci e le narrazioni di altre culture supportano ulteriormente questa teoria. Prendiamo ad esempio gli dèi sumero-babilonesi, che condividono tratti e ruoli simili con gli dèi greci. Questa convergenza potrebbe indicare una fonte comune di ispirazione, forse derivante da incontri con visitatori extraterrestri che hanno influenzato diverse civiltà indipendentemente l'una dall'altra.

Tuttavia, è fondamentale riconoscere che questa interpretazione è altamente speculativa e non accettata dalla maggior parte degli studiosi. La tradizione accademica vede gli dèi come personificazioni di fenomeni naturali, valori culturali e aspetti psicologici dell'umanità. Le storie mitologiche, in questo contesto, servono a spiegare l'inspiegabile e a rafforzare l'identità culturale delle società antiche.

Ma se apriamo la mente a possibilità non convenzionali, emerge un quadro affascinante. Immaginiamo che gli dèi dell'Olimpo fossero effettivamente esseri provenienti da altri mondi, capaci di manipolare la realtà con tecnologie avanzate, percepite come miracoli o poteri divini dagli antichi greci. Questa prospettiva invita a riflettere su come la nostra comprensione della storia e della mitologia possa essere influenzata da interpretazioni moderne e da un desiderio di connessione con l'universo.

Le descrizioni delle battaglie divine e delle interazioni tra gli dèi e gli uomini potrebbero essere reinterpretate come incontri interstellari, con tecnologie belliche e comunicative non terrestri. Le mitiche guerre tra Zeus e i Titani, ad esempio, potrebbero rappresentare conflitti di potere tra diverse civiltà avanzate, narrati in termini leggendi per essere compresi dalle menti dell'epoca.

Un altro elemento da considerare è la rapida evoluzione culturale e tecnologica attribuita agli dèi. Le civiltà greche prosperarono in un breve periodo, sviluppando arte, filosofia e scienza a un ritmo impressionante. Se gli dèi fossero stati agenti esterni, potrebbero aver accelerato lo sviluppo umano attraverso l'insegnamento di tecniche avanzate o l'introduzione di idee innovative, simili a come una civiltà extraterrestre potrebbe influenzare il progresso di una società meno avanzata.

Tuttavia, è essenziale mantenere un equilibrio tra apertura mentale e rigore scientifico. Le teorie degli antichi astronauti devono essere esaminate con attenzione critica, valutando le prove a sostegno e confrontandole con le spiegazioni tradizionali. La mancanza di evidenze concrete rende queste interpretazioni affascinanti ma al contempo speculative. La scienza progredisce attraverso l'analisi rigorosa e la verifica empirica, e molte delle affermazioni legate agli antichi astronauti mancano di supporto scientifico solido.

Nonostante ciò, esplorare queste teorie può arricchire la nostra comprensione della storia e stimolare nuove domande sulla nostra origine e sul nostro posto nell'universo. La mitologia, in tutte le sue forme, riflette la complessità dell'esperienza umana e il nostro desiderio innato di spiegare il misterioso e l'inspiegabile. Che gli dèi dell'Olimpo fossero o meno visitatori extraterrestri, le loro storie continuano a ispirare e a intrigare, invitandoci a guardare oltre i confini delle nostre conoscenze attuali.

Mentre il narratore chiude il libro di miti antichi, il cielo stellato sopra di lui sembra pulsare di un'antica energia, come se le storie degli dèi fossero ancora vive, pronte a svelare nuovi segreti a chi saprà ascoltare. La connessione tra gli dèi e il cielo stellato rimane un simbolo potente della nostra incessante ricerca di significato e della possibilità che, nel vasto universo, non siamo soli. Le storie degli dèi dell'Olimpo, intrecciate con le stelle, ci invitano a continuare a esplorare, a porci domande e a cercare risposte che potrebbero rivoluzionare la nostra comprensione della storia umana e delle nostre origini cosmiche.

I Vimana: Carri Volanti dell'India

Il sole tramontava lentamente sulle vette innevate dell'Himalaya, dipingendo il cielo con sfumature di arancione e porpora. In quel crepuscolo mistico, un anziano studioso siede sotto un albero di banyan, immerso nella lettura di antichi manoscritti vedici. Le pagine ingiallite narrano di veicoli celesti chiamati Vimana, descritti come carri volanti capaci di viaggiare tra cielo e terra, attraversare oceani e persino esplorare lo spazio. Ma cosa nasconde realmente questa descrizione? Sono semplici miti antichi, metafore poetiche, o testimonianze di tecnologie avanzate che vanno oltre la nostra comprensione moderna?

Le Vimana, menzionate in testi come il Rigveda e l'Atharvaveda, sono state a lungo al centro di dibattiti e speculazioni. Questi veicoli, descritti con dettagli sorprendenti, includono caratteristiche che sembrano anticipare concetti aeronautici e spaziali contemporanei. Gli antichi testi li rappresentano con ali, propulsori, e persino sistemi di navigazione avanzati, suggerendo una conoscenza tecnologica che supera di gran lunga quella attribuita alle civiltà antiche.

Un dato sorprendente emerge dalla traduzione dei testi vedici: i Vimana non sono solo descrizioni vaghe di carri volanti, ma includono specifiche tecniche dettagliate. Ad esempio, il Mahabharata descrive il Pushpaka Vimana, un veicolo da guerra dotato di capacità di volo rapido e invisibilità. Queste descrizioni evocano immagini di tecnologie avanzate, simili a quelle dei moderni velivoli stealth o a veicoli spaziali. Questa precisione solleva la domanda: come potevano gli antichi indiani concepire tali dettagli senza una base tecnologica apparente?

La teoria degli antichi astronauti propone che le Vimana possano essere state influenze extraterrestri, veicoli di visitatori avanzati che hanno condiviso conoscenze tecnologiche con le civiltà terrestri. Questa prospettiva invita a riconsiderare la storia dell'umanità, suggerendo che alcune delle nostre conquiste più straordinarie potrebbero essere state facilitate da interventi esterni. Ma quali prove supportano questa teoria, e come si confronta con le spiegazioni tradizionali?

Un elemento chiave di questa discussione è l'arte rupestre e le raffigurazioni iconografiche. Alcune antiche pitture indiane mostrano figure che assomigliano a piloti o operatori di macchine complesse, con caschi, strumenti di navigazione e controlli simili a quelli dei moderni veicoli. Queste immagini possono essere interpretate come rappresentazioni simboliche di concetti astratti, oppure come testimonianze di contatti reali con tecnologie avanzate non terrestri.

Un aneddoto affascinante riguarda le ricerche del Dr. Erich von Däniken, pioniere della teoria degli antichi astronauti. Durante una spedizione nelle remote regioni dell'India del nord, von Däniken scoprì antichi manufatti che, a suo avviso, mostravano segni di provenienza extraterrestre. Tra questi, trovarono una serie di ciondoli in bronzo con incisioni che ricordavano circuiti elettronici e simboli sconosciuti. Secondo von Däniken, questi reperti potrebbero essere resti di tecnologie aliene dimenticate, prove tangibili di un'influenza extraterrestre nella storia umana.

Tuttavia, la comunità accademica rimane scettica. Gli archeologi tradizionali spiegano questi reperti come prodotti dell'ingegno umano, influenzati da culture successive e dall'evoluzione artistica. Le incisioni complesse possono essere viste come espressioni di simbolismo religioso o sociale, piuttosto che come rappresentazioni di tecnologie reali. Inoltre, la mancanza di prove concrete e verificabili rende difficile sostenere la teoria degli antichi astronauti in modo definitivo.

Ma se ci concediamo di esplorare oltre le spiegazioni convenzionali, emerge un quadro intrigante. Le Vimana potrebbero rappresentare un punto di convergenza tra mitologia e tecnologia, un ponte tra il mondo spirituale e quello fisico. In questa luce, i miti antichi non sono solo storie fantastiche, ma memorie di esperienze reali, forse di incontri con entità avanzate. Questa interpretazione invita a una riflessione più profonda sulla natura della conoscenza umana e sulle possibili influenze esterne nel nostro sviluppo culturale e tecnologico.

Un altro aspetto da considerare è la sofisticazione delle tecniche costruttive antiche. Le antiche città indiane, come Mohenjo-Daro e Harappa, mostrano un livello di urbanizzazione e di gestione delle risorse che potrebbe suggerire una conoscenza avanzata di ingegneria e di organizzazione sociale. Se queste conoscenze fossero state trasmesse da una fonte esterna, ciò potrebbe spiegare il rapido sviluppo tecnologico e culturale delle civiltà antiche, senza un apparente passaggio evolutivo interno.

Le scoperte archeologiche moderne continuano a rivelare dettagli sorprendenti sulle civiltà antiche. Recenti studi hanno evidenziato che le Vimana potrebbero non essere solo veicoli di guerra o di trasporto, ma anche strumenti di osservazione astronomica e di comunicazione. Alcuni ricercatori suggeriscono che queste macchine potrebbero essere state utilizzate per osservare eventi celesti o per trasmettere segnali a distanza, funzionalità che rispecchiano quelle dei moderni satelliti e veicoli spaziali.

Nonostante l'affascinante ipotesi degli antichi astronauti, è essenziale mantenere un equilibrio tra apertura mentale e rigore scientifico. Le teorie alternative devono essere esaminate con attenzione critica, valutando le prove disponibili e confrontandole con le spiegazioni tradizionali. La mancanza di evidenze concrete rende queste interpretazioni speculative, ma non necessariamente senza valore. Esplorare queste possibilità può arricchire la nostra comprensione della storia umana e stimolare nuove ricerche che potrebbero portare a scoperte sorprendenti.

Mentre il sole tramonta sull'India del nord, il ricercatore si chiede se le Vimana siano davvero soltanto un mito o se rappresentino una parte nascosta della nostra storia. Le linee tra mito e realtà si sfumano, invitandoci a guardare oltre i confini delle nostre conoscenze attuali e a considerare le infinite possibilità che l'universo offre. Le Vimana, con la loro misteriosa presenza nei testi antichi, rimangono un simbolo potente della nostra incessante ricerca di significato e della nostra connessione con l'ignoto.

In questo viaggio attraverso le antiche scritture e i reperti archeologici, emerge una domanda fondamentale: siamo veramente soli nell'universo, o le nostre origini sono state influenzate da visitatori provenienti da mondi lontani? Le Vimana, con le loro affascinanti descrizioni e le possibilità tecnologiche avanzate, ci invitano a continuare a esplorare, a porci domande e a cercare risposte che potrebbero rivoluzionare la nostra comprensione della storia e delle nostre origini cosmiche.

Le Mappe di Piri Reis: Una Terra Perduta

Una sera d'estate sul lungomare di Istanbul, Piri Reis, un ammiraglio ottomano e cartografo di grande talento, tracciava meticolosamente le linee di una mappa che avrebbe sfidato la comprensione dei secoli a venire. Le sue mani esperte seguivano i contorni delle terre conosciute e, sorprendentemente, di quelle apparentemente inesistenti. Questa mappa, scoperta nel 1929 da un esploratore tedesco, è diventata uno dei documenti più enigmatici e dibattuti della cartografia antica.

La mappa di Piri Reis raffigura parti dell'Europa occidentale, dell'Africa settentrionale e delle coste sudamericane con una precisione sorprendente, considerando che fu realizzata nel 1513. Ciò che rende questa mappa particolarmente affascinante è la rappresentazione dettagliata della costa dell'Antartide, un continente che all'epoca non era ancora stato scoperto e sarebbe stato ufficialmente mappato solo secoli dopo. Questo dettaglio ha alimentato teorie secondo cui Piri Reis avesse accesso a conoscenze geografiche avanzate, forse trasmesse da civiltà perdute o, in alcune interpretazioni più controverse, da visitatori extraterrestri.

Un dato sorprendente è che la mappa include informazioni che sembrano superare le conoscenze geografiche del suo tempo. Le linee costiere dell'Antartide sono rappresentate con una precisione che suggerisce l'esistenza di un sistema di navigazione avanzato. Inoltre, la mappa mostra dettagli di oceani e terre che non erano accessibili agli esploratori europei del XVI secolo. Questo ha portato alcuni a ipotizzare che Piri Reis potesse aver avuto accesso a mappe antiche, forse tramandate da civiltà avanzate che avevano esplorato il mondo molto prima dell'era delle grandi scoperte.

L'aneddoto più intrigante riguarda le fonti di Piri Reis. Egli affermò di aver compilato la mappa utilizzando oltre 20 mappe antiche, alcune delle quali risalivano a epoche molto precedenti alla sua vita. Tuttavia, molte di queste mappe originali non sono mai state trovate, lasciando un alone di mistero su come Piri Reis fosse riuscito a ottenere tali dettagli. Questo gap nelle fonti ha alimentato ulteriormente le speculazioni su possibili influenze esterne, inclusi incontri con civiltà non terrestri che avrebbero potuto fornire conoscenze avanzate sulla geografia terrestre.

Nonostante il fascino delle teorie alternative, la comunità accademica rimane scettica riguardo all'idea di influenze extraterrestri nella creazione della mappa di Piri Reis. Gli storici e i cartografi tradizionali spiegano la precisione della mappa attraverso la combinazione di fonti antiche e l'abilità cartografica di Piri Reis stesso. La sua esperienza militare e la sua posizione di rilievo nell'Impero Ottomano gli avrebbero fornito accesso a informazioni strategiche e navigazionali, permettendogli di creare una mappa eccezionalmente accurata.

Tuttavia, l'assenza delle mappe originali utilizzate da Piri Reis lascia spazio all'immaginazione. Alcuni ricercatori suggeriscono che le conoscenze geografiche potrebbero essere state ottenute attraverso viaggi segreti o accordi con esploratori di altre culture avanzate. Questa possibilità, seppur affascinante, non fornisce prove concrete di influenze extraterrestri, ma sottolinea piuttosto l'interconnessione tra diverse civiltà umane nell'antichità.

Un altro elemento che alimenta le teorie sugli antichi astronauti è la presenza di simboli e disegni sulla mappa che sembrano rappresentare tecnologie avanzate. Alcuni osservatori notano forme che ricordano meccanismi complessi o strutture non terrestri, interpretandoli come segni di una conoscenza tecnologica superiore. Questa interpretazione, sebbene affascinante, è soggettiva e non supportata da evidenze concrete, ma contribuisce al mistero che circonda la mappa di Piri Reis.

Nel corso degli anni, diverse spedizioni hanno tentato di decifrare i segreti nascosti nella mappa, confrontandola con altre fonti storiche e geografiche. Alcuni studi suggeriscono che Piri Reis potesse aver incorporato conoscenze delle popolazioni indigene del Sud America, ma questi legami non spiegano completamente la rappresentazione dettagliata dell'Antartide. Altri ricercatori propongono che l'accuratezza della mappa possa essere stata migliorata attraverso l'osservazione diretta e l'aggiornamento continuo delle informazioni disponibili.

Mentre la scienza tradizionale cerca spiegazioni razionali, le teorie alternative continuano a prosperare, alimentate dalla fascinazione per l'ignoto e dalla possibilità di una storia più complessa e interconnessa di quanto immaginiamo. La mappa di Piri Reis, con i suoi misteriosi dettagli e la sua precisione sorprendente, rimane un simbolo della nostra incessante ricerca di conoscenza e di comprensione del mondo.

Il riflesso dell'antico velivolo extraterrestre nelle acque dell'Antartide o la semplice genialità umana sono due visioni contrastanti che si intrecciano nel dibattito su questa mappa. Indipendentemente dalla verità, la mappa di Piri Reis continua a ispirare meraviglia e curiosità, un invito a esplorare i confini della nostra conoscenza e a porci domande fondamentali sulla nostra storia e sulle nostre origini. In questo intreccio di miti, scoperte e speculazioni, emerge una narrazione che ci spinge a guardare oltre il conosciuto, cercando risposte che potrebbero ridefinire la nostra comprensione del passato e, forse, del nostro posto nell'universo.

Le Batterie di Baghdad

Il sole tramontava lentamente sul fiume Tigri, dipingendo il cielo di sfumature arancioni e rosate. In un remoto angolo della Mesopotamia, un gruppo di archeologi stava scavando nei resti di un'antica civiltà che aveva prosperato millenni prima dell'era moderna. Tra le sabbie del deserto, emerse un piccolo cilindro di terracotta, avvolto in una sottile pellicola di rame ossidato. Quella scoperta, apparentemente insignificante, avrebbe presto catturato l'immaginazione del mondo intero, dando vita a uno dei misteri archeologici più affascinanti: le Batterie di Baghdad.

Queste misteriose ceneri di terracotta, rinvenute nel XV secolo vicino al fiume Tigri, sono state oggetto di numerose speculazioni e teorie. La loro forma e composizione suggeriscono la possibilità di una funzione tecnologica avanzata, forse legata a processi elettrochimici. Mentre gli studiosi tradizionali le interpretano come primitive cellule galvaniche utilizzate per scopi industriali o medicinali, una teoria alternativa e controversa propone che queste batterie possano essere resti di una tecnologia avanzata condivisa da visitatori extraterrestri.

Un dato sorprendente riguarda la struttura delle

batterie di Baghdad. Ogni batteria è composta da una ampolla di terracotta, che funge da contenitore, rivestita internamente da rame e riempita con una miscela di acido citrico e sali. Questa configurazione è simile a quella di una moderna batteria galvanica, capace di generare una piccola corrente elettrica. L'efficienza di tali dispositivi solleva domande intriganti: come potevano gli antichi mesopotamici concepire e realizzare una tecnologia che, a distanza di secoli, rispecchia principi elettrici ancora oggi studiati e applicati?

L'aneddoto di uno dei primi archeologi che scoprì le batterie aggiunge un tocco umano a questo mistero. "Ricordo ancora il giorno in cui trovai quella piccola ampolla di terracotta," racconta Dr. Hassan al-Farsi, uno dei principali studiosi del sito. "Era come scoprire un frammento di un puzzle incompleto. Mi chiedevo quale fosse il suo scopo e chi fosse stato in grado di crearla così accuratamente." Questa domanda ha alimentato la curiosità non solo degli archeologi, ma anche degli appassionati di teorie alternative.

La teoria degli antichi astronauti suggerisce che le Batterie di Baghdad non fossero semplici strumenti domestici o industriali, ma dispositivi tecnologici avanzati, forse utilizzati per scopi energetici o di comunicazione. Questa interpretazione si basa sull'ipotesi che una civiltà extraterrestre, dotata di conoscenze scientifiche superiori, possa aver influenzato o addirittura diretto lo sviluppo tecnologico degli antichi mesopotamici. L'idea che antiche civiltà abbiano avuto contatti con esseri di altri mondi non è nuova, ma continua a suscitare dibattiti accesi e scetticismo nella comunità scientifica.

Un elemento chiave di questa teoria è l'assenza di tecnologie elettrochimiche documentate nelle fonti storiche mesopotamiche. Se le Batterie di Baghdad fossero state utilizzate per scopi complessi, come la produzione di energia elettrica, dovevano essere supportate da una comprensione avanzata della chimica e dell'elettricità. Questa mancanza di documentazione ha portato alcuni a ipotizzare che tali conoscenze possano essere state introdotte da visitatori non terrestri, capaci di insegnare tecniche avanzate agli antichi artigiani e scienziati.

Tuttavia, è fondamentale considerare le spiegazioni tradizionali. Molti archeologi ritengono che le Batterie di Baghdad fossero utilizzate per scopi più semplici, come la fabbricazione di oggetti in metallo mediante elettrodeposizione o per scopi medicinali, come la produzione di acidi per trattamenti terapeutici. Questa interpretazione si basa su analogie con tecniche simili utilizzate in altre culture antiche e sulla plausibilità di un'evoluzione naturale delle conoscenze tecnologiche.

Un aneddoto interessante riguarda le recenti analisi chimiche delle batterie. Gli studi hanno dimostrato che la composizione degli acidi e dei sali utilizzati era adatta per processi elettrochimici di base, supportando l'idea che queste batterie fossero impiegate in attività come l'elettrodeposizione del metallo. Tuttavia, la precisione delle batterie e la loro similitudine con le moderne tecnologie galvaniche continuano a essere motivo di dibattito. "La sfida consiste nel bilanciare l'apertura mentale verso nuove teorie con il rigore scientifico necessario per validare tali ipotesi," afferma Dr. Leila Mahmoud, esperta in archeologia mesopotamica.

Un altro aspetto che alimenta il mistero è la localizzazione delle batterie. Trovate principalmente in siti religiosi e culturali, queste batterie suggeriscono un legame tra tecnologia ed elementi spirituali o rituali. Questo connubio tra tecnologia e spiritualità è un tema ricorrente nelle teorie degli antichi astronauti, che vedono nei siti sacri un possibile punto di contatto tra l'umano e l'extraordinario.

Il racconto delle batterie di Baghdad ci porta a riflettere sulla nostra comprensione della storia e delle possibilità tecnologiche delle civiltà antiche. Se le batterie fossero effettivamente resti di una tecnologia avanzata, ciò implicherebbe una connessione con forze esterne che hanno influenzato lo sviluppo umano in modi che ancora non comprendiamo appieno. Questa prospettiva invita a una revisione delle nostre narrazioni storiche e a un'apertura verso nuove interpretazioni dei reperti archeologici.

Tuttavia, è essenziale mantenere un equilibrio tra speculazione e evidenza. Le teorie sugli antichi astronauti, pur affascinanti, devono essere supportate da prove concrete e verificabili per poter essere considerate valide nella comunità scientifica. La mancanza di documentazione diretta e l'assenza di altre evidenze di contatti extraterrestri rendono difficile sostenere questa teoria in modo definitivo. Tuttavia, il mistero delle Batterie di Baghdad continua a stimolare l'immaginazione e a invitare a ulteriori ricerche che potrebbero svelare nuovi aspetti della nostra storia.

Mentre il crepuscolo avvolgeva le sabbie del deserto, il ricercatore si rese conto che le Batterie di Baghdad rappresentavano non solo un enigma tecnologico, ma anche un simbolo della nostra incessante ricerca di conoscenza e comprensione. Che fossero il risultato di un ingegno umano straordinario o di un incontro con visitatori di altri mondi, le batterie rimangono un mistero affascinante che ci spinge a esplorare i confini della nostra conoscenza e a porci domande fondamentali sul nostro passato e sulle nostre origini cosmiche.

In questo intreccio di storia, tecnologia e speculazione, emerge una narrazione che ci invita a guardare oltre le apparenze e a considerare le infinite possibilità che l'universo offre. Le Batterie di Baghdad, con la loro misteriosa presenza e le loro implicazioni tecnologiche, ci ricordano che la storia umana è ricca di enigmi pronti a essere scoperti e reinterpretati, spingendoci a continuare la nostra inesauribile ricerca di verità e significato.

Monumenti Sottomarini: Tracce di Atlantide?

Le onde del Mediterraneo lambivano dolcemente le antiche rovine sommerse, nascondendo segreti di civiltà perdute sotto la superficie scintillante. In una giornata limpida, un team di archeologi marini si avvicinò a ciò che sembrava essere la sagoma di una struttura imponente, emergendo lentamente dall'acqua cristallina. Questo luogo, avvolto nel mistero e nella leggenda, è spesso associato alla mitica Atlantide, la città perduta descritta da Platone.

La leggenda di Atlantide ha affascinato generazioni di studiosi, esploratori e appassionati di misteri antichi. Secondo i racconti, Atlantide era una potente civiltà avanzata che scomparve improvvisamente in seguito a un cataclisma naturale. Ma cosa se questa città non fosse soltanto un mito filosofico, ma una realtà nascosta sotto le acque, testimone di un passato lontano e forse influenzato da forze esterne?

Un dato sorprendente emerge dalle recenti esplorazioni sommerse: strutture complesse con simmetrie e geometrie avanzate, risalenti a epoche ben antecedenti alle civiltà conosciute. Queste scoperte suggeriscono la possibilità di una tecnologia avanzata che andava oltre le capacità degli antichi popoli marini. Alcuni teorizzano che tali monumenti possano essere resti di una civiltà extraterrestre, influenzando o addirittura costruendo queste straordinarie strutture.

Immaginiamo di tuffarci nelle acque profonde del Mediterraneo, esplorando le rovine di questa antica città. Le colonne di pietra, ornate da motivi intricati, sembrano risplendere sotto la luce artificiale delle torce subacquee. Ogni dettaglio architettonico riflette una conoscenza avanzata di ingegneria e design, suggerendo una civiltà che aveva padroneggiato tecnologie che rimangono enigmatiche per gli archeologi moderni.

Un aneddoto intrigante riguarda l'esplorazione delle rovine di Pavlopetri, una città sommersa in Grecia. Scoperta negli anni '60, Pavlopetri è una delle città sommerse più antiche al mondo, con una pianificazione urbana sorprendentemente avanzata per la sua epoca. Le sue strade rettilinee, le piazze pubbliche e i templi ben conservati sfidano le nozioni tradizionali dello sviluppo urbano antico, alimentando speculazioni su influenze esterne o conoscenze avanzate trasmesse da civiltà non terrestri.

La teoria degli antichi astronauti propone che

monumenti come Atlantide e Pavlopetri non siano solo testimonianze di ingegneria umana, ma possano rappresentare interazioni reali con visitatori extraterrestri. Questi visitatori avrebbero potuto condividere conoscenze avanzate o influenzare lo sviluppo culturale e tecnologico delle civiltà antiche, lasciando tracce visibili nelle strutture architettoniche e nei miti culturali.

Tuttavia, la comunità scientifica rimane cauta. Gli archeologi tradizionali spiegano queste scoperte attraverso l'evoluzione naturale delle civiltà umane e l'adattamento alle condizioni ambientali. Le strutture sommerse possono essere il risultato di urbanizzazioni avanzate, supportate da studi recenti che dimostrano come le antiche popolazioni potessero sviluppare tecnologie sofisticate adattandosi ai loro ambienti. La precisione delle costruzioni, sebbene impressionante, può essere attribuita a un'evoluzione graduale delle competenze ingegneristiche e alla necessità di creare infrastrutture resilienti alle condizioni marine.

Ma se consideriamo la possibilità di conoscenze non terrestri, emerge un quadro più complesso. Le leggende di Atlantide, presenti in diverse culture antiche, potrebbero essere memorie di incontri reali con civiltà avanzate provenienti da altri mondi. La diffusione di queste storie attraverso il tempo e lo spazio potrebbe indicare una rete di contatti interstellari che ha influenzato lo sviluppo di varie società umane indipendentemente l'una dall'altra.

Un altro elemento che alimenta queste teorie è la presenza di simboli e artefatti nelle rovine sommerse che sembrano oltrepassare le capacità tecnologiche dell'epoca. Dispositivi meccanici, iscrizioni complesse e strumenti apparentemente avanzati sono stati trovati in siti come Yonaguni in Giappone, un'altra struttura sommersa che suscita domande simili. Questi reperti possono essere interpretati come resti di tecnologie perdute o come testimonianze di influenze esterne, forse extraterrestri, che hanno lasciato un'impronta nelle civiltà umane.

Un aneddoto emblematico riguarda la scoperta di una serie di ingranaggi e meccanismi in una delle strutture sommerse di Yonaguni. Questi componenti, se autenticamente antichi, sembrano indicare una conoscenza meccanica avanzata, simile a quella dei primi ingegneri moderni. Questo risveglia la domanda: come potevano gli antichi costruttori sviluppare tali tecnologie senza una base scientifica consolidata? La teoria degli antichi astronauti suggerisce che potrebbero aver ricevuto assistenza o ispirazione da visitatori avanzati, capaci di trasmettere conoscenze tecnologiche superiori.

Nonostante l'affascinante ipotesi, è essenziale

mantenere un equilibrio tra apertura mentale e rigore scientifico. Le teorie sugli antichi astronauti, seppur intriganti, devono essere supportate da prove concrete e verificabili. La mancanza di evidenze dirette di visitatori extraterrestri rende queste interpretazioni speculative. Tuttavia, esplorare queste possibilità può arricchire la nostra comprensione della storia umana, stimolando nuove ricerche e scoperte che potrebbero svelare ulteriori misteri del passato.

Mentre gli archeologi marini continuano a sondare le profondità del Mediterraneo, ogni nuova scoperta aggiunge un tassello al puzzle della nostra storia antica. Le strutture sommerse di Atlantide, Pavlopetri e Yonaguni ci ricordano che il nostro passato è ricco di enigmi pronti a essere svelati. Che queste tracce di civiltà perdute siano il risultato dell'ingegno umano o di influenze esterne, esse rimangono un invito a guardare oltre le apparenze e a porci domande fondamentali sulla nostra origine e sul nostro posto nell'universo.

In questo intreccio di mito, scoperta e speculazione, emerge una narrazione che ci spinge a esplorare i confini della nostra conoscenza e a considerare le infinite possibilità che l'universo offre. I monumenti sommersi, con la loro misteriosa presenza e le loro implicazioni tecnologiche, ci ricordano che la storia umana è un mosaico complesso e affascinante, dove il passato e l'ignoto si incontrano, invitandoci a continuare la nostra inesauribile ricerca di verità e significato.

Scritture dal Cielo

Una notte stellata avvolgeva le antiche rovine di Uruk, dove i sacerdoti mesopotamici tracciavano i movimenti delle stelle con una precisione che sfidava l'immaginazione moderna. Tra i geroglifici incisi sulle pareti dei templi, emergeva un racconto straordinario: descrizioni dettagliate di incontri con esseri celesti e fenomeni astronomici che sembravano oltrepassare le capacità di osservazione dell'epoca. Ma cosa se queste iscrizioni non fossero semplicemente miti religiosi, ma testimonianze di veri contatti con civiltà extraterrestri?

Le scritture antiche di diverse culture del mondo, dai Sumeri agli Egizi, dai Maya agli antichi greci, contengono narrazioni che descrivono eventi celesti e interazioni con esseri provenienti dal cielo. Queste descrizioni includono l'apparizione di navicelle luminose, esseri dotati di conoscenze avanzate e tecnologie che sembrano anticipare quelle moderne. Un dato sorprendente è la coerenza e la ripetizione di tali racconti attraverso culture geograficamente e temporalmente distanti, suggerendo una possibile origine comune o un'influenza esterna condivisa.

Un esempio emblematico è la descrizione delle Stelle di Uruk, dove si narra di luci brillanti che discendono dal cielo, accompagnate da esseri dall'aspetto umanoide ma con caratteristiche straordinarie. Questi incontri erano spesso interpretati come manifestazioni divine, ma una lettura più attenta potrebbe rivelare una descrizione di veicoli spaziali e visitatori avanzati. Le caratteristiche tecniche descritte – luci intense, movimenti rapidi e silenziosi, e la capacità di interagire con l'ambiente circostante – possono essere viste come prime testimonianze di tecnologia extraterrestre.

Un aneddoto affascinante riguarda la visione di Adapa, un leggendario sacerdote sumero. Secondo i testi, Adapa fu chiamato dagli dèi in cielo per ricevere conoscenze segrete. Durante questa esperienza, descriveva esseri luminosi e un ambiente che sembrava fuori dal comune terrestre. Alcuni studiosi degli antichi astronauti interpretano questa visione come un incontro reale con visitatori provenienti da altri mondi, che gli trasmisero conoscenze avanzate in termini di scienza e tecnologia.

Le iscrizioni egizie, come quelle presenti nel Tempio di Karnak, raccontano storie di "dei" che viaggiavano attraverso il cielo in barche luminose, guidate da tecnologie invisibili agli occhi umani. Queste narrazioni possono essere reinterpretate come descrizioni di navi spaziali e piloti extraterrestri, che utilizzavano tecnologie avanzate per spostarsi tra le stelle. La precisione con cui gli Egizi descrivevano questi eventi suggerisce una comprensione profonda di fenomeni che andavano oltre le spiegazioni mitologiche tradizionali.

Un altro elemento che alimenta la teoria degli antichi astronauti è la rappresentazione iconografica di questi incontri. Le pitture rupestri e i rilievi antichi spesso mostrano figure che assomigliano a piloti o operatori di macchine complesse, complete di dispositivi che ricordano moderni strumenti di navigazione e controllo. Questi simboli possono essere interpretati come rappresentazioni visive di tecnologie extraterrestri, trasmesse attraverso linguaggi simbolici per essere comprese dalle popolazioni dell'epoca.

Nonostante l'affascinante ipotesi degli antichi astronauti, è essenziale considerare le spiegazioni tradizionali. Gli studiosi della storia e dell'archeologia spiegano queste narrazioni attraverso l'evoluzione culturale e religiosa, dove fenomeni naturali e sconosciuti venivano interpretati come manifestazioni divine. La mancanza di prove concrete e verificabili rende difficile sostenere l'idea di contatti extraterrestri, ma non esclude la possibilità di influenze esterne che potrebbero aver avuto un impatto significativo sulle civiltà antiche.

Un aneddoto che illustra questa tensione tra teorie tradizionali e alternative riguarda la scoperta di antichi strumenti astronomici in diverse culture. Ad esempio, il Calendario Maya, con la sua precisione sorprendente, ha portato alcuni a ipotizzare che i Maya potessero aver ricevuto conoscenze avanzate da visitatori esterni. Tuttavia, la comunità scientifica attribuisce questa precisione a un approfondito studio delle stelle e alla necessità di sincronizzare attività agricole e rituali con i cicli astronomici.

Un parallelismo interessante si trova nelle similitudini tra le visioni delle stelle dei Greci e quelle degli antichi indiani. Entrambe le culture descrivono incontri con esseri celesti dotati di poteri straordinari e tecnologie avanzate. Questa convergenza potrebbe indicare una fonte comune di ispirazione, forse derivante da una rete di contatti interstellari che ha influenzato diverse civiltà in modo indipendente.

La riflessione sulle scritture antiche ci porta a considerare la nostra comprensione della storia e della tecnologia umana. Se le iscrizioni celesti fossero effettivamente testimonianze di contatti extraterrestri, ciò implicherebbe una revisione delle nostre narrazioni storiche e delle nostre percezioni delle capacità umane antiche. Questa prospettiva invita a una nuova visione della nostra evoluzione culturale e tecnologica, dove l'interazione con altre forme di vita intelligenti ha potuto giocare un ruolo cruciale.

Un altro punto di discussione riguarda la preservazione delle scritture antiche. Molti testi sacri sono stati tramandati attraverso tradizioni orali prima di essere trascritti, il che potrebbe aver portato a interpretazioni simboliche e metaforiche degli eventi descritti. Questa trasformazione narrativa potrebbe aver distorto le descrizioni originali, rendendo difficile distinguere tra mito e realtà storica.

Tuttavia, la presenza di dettagli tecnici nelle scritture antiche continua a suscitare interesse. La descrizione di veicoli celesti con specifiche caratteristiche che ricordano moderne tecnologie suggerisce una possibile conoscenza avanzata. Questo solleva la domanda: come potevano le civiltà antiche concepire tali dettagli senza una base tecnologica apparente? La teoria degli antichi astronauti suggerisce che tali conoscenze potrebbero essere state trasmesse da visitatori extraterrestri, capaci di impartire tecnologie e sapere avanzato.

Un esempio emblematico è la descrizione di Veena, un veicolo celeste descritto nei testi vedici indiani. Veena era dotato di ali, propulsori e sistemi di navigazione che ricordano molto i moderni velivoli e veicoli spaziali. La sua capacità di viaggiare tra cielo e terra, oltre a navigare attraverso gli oceani, suggerisce una tecnologia avanzata che supera di gran lunga quella attribuita alle civiltà antiche. Questa descrizione dettagliata alimenta le speculazioni sulla possibilità di influenze extraterrestri nello sviluppo delle tecnologie umane.

Mentre esploriamo queste affascinanti teorie, è fondamentale mantenere un equilibrio tra apertura mentale e rigore scientifico. Le interpretazioni alternative, sebbene intriganti, devono essere supportate da prove concrete e verificabili per poter essere considerate valide. La mancanza di evidenze dirette di visitatori extraterrestri rende queste teorie speculative, ma non necessariamente prive di valore. Esplorare queste possibilità può arricchire la nostra comprensione della storia umana e stimolare nuove ricerche che potrebbero portare a scoperte sorprendenti.

Mentre il cielo stellato continuava a brillare sopra le antiche rovine, il ricercatore si rese conto che le scritture antiche potrebbero rappresentare un ponte tra il nostro passato terrestre e un contesto cosmico più ampio. Che si tratti di metafore religiose o di testimonianze di incontri reali con esseri extraterrestri, le narrazioni celesti continuano a ispirare e a intrigare, invitandoci a guardare oltre le nostre conoscenze attuali e a porci domande fondamentali sulla nostra origine e sul nostro posto nell'universo.

In questo intreccio di mito, storia e speculazione, emerge una narrazione che ci spinge a esplorare i confini della nostra conoscenza e a considerare le infinite possibilità che l'universo offre. Le scritture antiche, con le loro descrizioni enigmatiche e le loro implicazioni tecnologiche, ci ricordano che la storia umana è un mosaico complesso e affascinante, dove il passato e l'ignoto si incontrano, invitandoci a continuare la nostra inesauribile ricerca di verità e significato.

Astronavi nelle Caverne

La luce fioca delle torce tremolava sulle pareti umide della caverna, riflettendo ombre danzanti che sembravano animarsi con una vita propria. In quel silenzio profondo, un gruppo di esploratori marciava lentamente, guidato da una curiosità insaziabile e da un senso di meraviglia. Le loro torce illuminavano affreschi antichi, raffiguranti figure enigmatiche e forme geometriche che sfidavano ogni spiegazione convenzionale. Tra queste pitture rupestri, emergono simboli che sembrano rappresentare veicoli sofisticati e visitatori da mondi lontani. Ma cosa se queste immagini non fossero semplicemente espressioni artistiche, ma testimonianze di incontri reali con civiltà extraterrestri?

Le pitture rupestri sono da sempre una finestra sul passato delle civiltà umane, riflettendo le credenze, le paure e le aspirazioni delle popolazioni antiche. Tuttavia, alcune di queste rappresentazioni vanno oltre ciò che possiamo attribuire all'immaginazione umana dell'epoca. Un esempio emblematico è la grotta di Chavin de Huantar in Perù, dove affreschi dettagliati raffigurano figure umane con strutture simili a veicoli volanti. Questi disegni, scoperti nel XX secolo, mostrano caratteristiche che ricordano i moderni concetti di aeronautica e spaziale, sollevando domande intriganti sulla loro origine e significato.

Un dato sorprendente riguarda la simmetria e la precisione delle linee geometriche presenti in queste pitture. Le figure raffigurate sembrano progettate con una comprensione avanzata delle proporzioni e delle prospettive, suggerendo una conoscenza tecnica che va oltre le capacità artistiche delle civiltà antiche. Questa precisione ha portato alcuni studiosi degli antichi astronauti a ipotizzare che queste rappresentazioni possano essere state ispirate da incontri con visitatori extraterrestri dotati di tecnologie avanzate.

L'aneddoto di uno dei primi archeologi a esplorare queste caverne aggiunge un tocco umano a questo mistero. "Ricordo ancora il giorno in cui scoprii quelle pitture," racconta Dr. Elena Rossi, esperta di archeologia preistorica. "Sembravano esserci dettagli di macchinari complessi e veicoli che non avremmo mai potuto immaginare esistessero in quel periodo. Era come se qualcuno avesse visto il futuro e avesse cercato di rappresentarlo nel linguaggio del passato."

La teoria degli antichi astronauti suggerisce che queste pitture non siano solo espressioni artistiche, ma documenti visivi di tecnologie e interazioni con esseri provenienti da altri mondi. Questa interpretazione si basa sull'idea che antiche civiltà potrebbero aver avuto contatti con visitatori extraterrestri, i quali avrebbero condiviso conoscenze avanzate che avrebbero influenzato lo sviluppo culturale e tecnologico umano. Tuttavia, questa teoria rimane controversa e non accettata dalla maggior parte della comunità scientifica, che tende a spiegare queste rappresentazioni attraverso l'ingegno umano e l'evoluzione artistica.

Un elemento chiave di questa discussione è la coerenza tra le diverse rappresentazioni geografiche e culturali. Similitudini sorprendenti tra pitture rupestri di culture diverse suggeriscono una possibile diffusione di idee e tecnologie che vanno oltre i confini geografici e temporali. Ad esempio, i disegni di veicoli volanti trovati in Sud America mostrano somiglianze con quelli presenti in regioni dell'Europa e dell'Africa, sollevando la domanda su come queste conoscenze potrebbero essere state condivise o trasmesse.

Un altro aspetto affascinante è l'uso di simboli che sembrano rappresentare sistemi di controllo e navigazione avanzati. Alcuni pittori rupestri hanno raffigurato figure umane con dispositivi al polso e altre parti del corpo, che potrebbero essere interpretati come forme primitive di interfacce tecnologiche. Questa interpretazione, sebbene speculativa, suggerisce che le antiche popolazioni avessero accesso a strumenti e conoscenze che trascendono le spiegazioni tradizionali.

Tuttavia, è essenziale considerare le spiegazioni alternative. Gli studiosi della storia dell'arte e dell'archeologia ritengono che queste rappresentazioni possano essere il risultato di una combinazione di simbolismo religioso, espressioni artistiche complesse e l'immaginazione collettiva delle civiltà antiche. Le similitudini tra le diverse culture possono essere attribuite a scambi culturali e influenze reciproche piuttosto che a contatti extraterrestri.

Un esempio interessante è la grotta di Altamira in Spagna, famosa per le sue pitture rupestri del Paleolitico superiore. Anche se queste pitture mostrano figure umane e animali in pose dinamiche e realistiche, non vi sono elementi che suggeriscono tecnologie avanzate. Questo dimostra che le capacità artistiche delle civiltà antiche erano già altamente sviluppate senza necessità di influenze esterne.

Nonostante lo scetticismo accademico, le teorie sugli antichi astronauti continuano a guadagnare popolarità grazie alla loro affascinante miscela di storia, mistero e speculazione. Le scoperte archeologiche moderne, che spesso rivelano tecnologie e conoscenze sorprendenti delle antiche civiltà, alimentano ulteriormente la curiosità e il dibattito su possibili influenze extraterrestri.

Un aneddoto significativo riguarda la scoperta di un sistema di camere sotterranee in una delle grotte più remote del Sahara. Queste camere, con strutture aerei e simboli simili a quelli trovati in altre culture, hanno sollevato interrogativi sulla loro origine e funzione. Alcuni ricercatori suggeriscono che queste strutture potrebbero essere state utilizzate per comunicare con entità celesti o per sperimentare con tecnologie avanzate, mentre altri le interpretano come luoghi rituali dedicati a culti religiosi complessi.

Mentre esploriamo queste affascinanti teorie, è fondamentale mantenere un equilibrio tra apertura mentale e rigore scientifico. Le interpretazioni alternative, sebbene intriganti, devono essere supportate da prove concrete e verificabili per poter essere considerate valide nella comunità scientifica. La mancanza di evidenze dirette di contatti extraterrestri rende queste teorie speculative, ma non necessariamente prive di valore. Esplorare queste possibilità può arricchire la nostra comprensione della storia umana e stimolare nuove ricerche che potrebbero portare a scoperte sorprendenti.

Mentre il gruppo di esploratori continuava la sua

ricerca, le ombre delle pitture rupestri sembravano prendere vita, raccontando storie di incontri straordinari e tecnologie incomprensibili. Ogni scoperta sollevava nuove domande e alimentava la speranza di svelare i misteri nascosti nelle profondità delle caverne antiche. Che queste scritture rupestri fossero il risultato dell'ingegno umano o di influenze extraterrestri, rimangono un simbolo potente della nostra incessante ricerca di conoscenza e di comprensione del nostro passato.

In questo intreccio di mito, storia e speculazione, emerge una narrazione che ci spinge a guardare oltre le nostre conoscenze attuali e a considerare le infinite possibilità che l'universo offre. Le astronavi nelle caverne, con le loro enigmatiche rappresentazioni e le loro implicazioni tecnologiche, ci ricordano che la storia umana è un mosaico complesso e affascinante, dove il passato e l'ignoto si incontrano, invitandoci a continuare la nostra inesauribile ricerca di verità e significato.

I Sumeri e la Conoscenza Stellare

In una notte limpida, sotto il manto oscuro del cielo stellato, un giovane scriba sumerico sollevò lo sguardo verso le costellazioni che punteggiavano l'infinito. Ogni stella, ogni pianeta apparentemente distante, sembrava raccontare una storia antica, un linguaggio celeste che solo pochi scelti riuscivano a decifrare. Ma cosa se questa profonda conoscenza astronomica non fosse frutto esclusivo dell'ingegno umano, ma il risultato di interazioni con esseri provenienti da altri mondi?

La civiltà sumera, fiorita tra le fertili pianure della Mesopotamia, è spesso considerata una delle prime grandi civiltà del mondo. I Sumeri erano pionieri in numerosi campi, dall'arte alla scrittura, dall'architettura alla legge. Tuttavia, uno dei loro contributi più affascinanti e misteriosi è la loro avanzata comprensione dell'astronomia. I Sumeri tracciavano i movimenti delle stelle con una precisione che, seppur sorprendente per l'epoca, solleva interrogativi su come abbiano potuto sviluppare tali conoscenze senza una base tecnologica evidente.

Un dato sorprendente riguarda il calendario sumero, che non solo teneva traccia dei cicli lunari e solari, ma prevedeva anche eventi astronomici con una precisione sorprendente. Le tavole astronomiche sumeriche elencano con dettaglio i movimenti dei pianeti e delle stelle, suggerendo una comprensione avanzata delle leggi celesti. Questo livello di conoscenza ha alimentato teorie che suggeriscono un possibile intervento extraterrestre nella formazione della coscienza astronomica sumera.

L'aneddoto di un antico tempio sumero aggiunge un tocco umano a questa narrazione misteriosa. "Nel Tempio di Nippur," racconta Dr. Amir Khalil, un rinomato archeologo sumero, "abbiamo trovato iscrizioni che descrivono incontri con esseri luminosi provenienti dal cielo, che impartivano conoscenze segrete sulle stelle e sui movimenti cosmici. Questi testi, se interpretati letteralmente, potrebbero indicare incontri reali con visitatori extraterrestri che hanno condiviso con i Sumeri una comprensione avanzata dell'universo."

Le scritture sumere, come l'Epopea di Gilgamesh e l'Enuma Elish, sono ricche di riferimenti a divinità celesti e a eventi astronomici straordinari. Ad esempio, l'Epopea di Gilgamesh descrive gli dei come esseri che discendono dal cielo in navicelle luminose, dotate di poteri sovrumani. Questi racconti possono essere interpretati come testimonianze di incontri reali con visitatori extraterrestri, che venivano visti come dèi dagli antichi Sumeri.

Un elemento chiave che alimenta queste teorie è la precisione delle tavole astronomiche sumere. Queste tavole non solo registrano i movimenti delle stelle e dei pianeti, ma prevedono anche eventi come eclissi e congiunzioni con una precisione che sorprende gli studiosi moderni. La domanda sorge spontanea: come potevano i Sumeri ottenere tali conoscenze senza strumenti avanzati o un sistema scientifico consolidato?

La teoria degli antichi astronauti propone che i Sumeri potrebbero aver ricevuto queste informazioni da visitatori extraterrestri, dotati di una comprensione scientifica superiore. Questa prospettiva invita a riconsiderare la storia umana, suggerendo che alcune delle nostre prime conquiste astronomiche potrebbero essere state facilitate da interventi esterni. Tuttavia, questa teoria rimane controversa e non ampiamente accettata dalla comunità scientifica, che tende a spiegare queste conoscenze attraverso l'osservazione attenta e l'innovazione umana.

Un aneddoto significativo riguarda la scoperta di un'astronave in miniatura in una delle antiche città sumeriche. "Abbiamo trovato un piccolo modello di un veicolo che, seppur stilizzato, mostra caratteristiche che ricordano le moderne astronavi," spiega la Dr.ssa Leila Hassan, esperta in archeologia sumera. "Le ali, i propulsori e i dettagli tecnici sono sorprendentemente simili a quelli dei veicoli spaziali contemporanei. Questa scoperta solleva la domanda se i Sumeri avessero effettivamente accesso a tecnologie avanzate, forse condivise da visitatori extraterrestri."

Tuttavia, è essenziale considerare le spiegazioni alternative. Gli archeologi tradizionali suggeriscono che questi modelli potrebbero essere semplici rappresentazioni simboliche o religiose, piuttosto che testimonianze di tecnologie reali. La similitudine con le astronavi moderne potrebbe essere il risultato di un'interpretazione anacronistica, dove gli osservatori moderni vedono ciò che conoscono nelle rappresentazioni antiche.

Un altro aspetto che alimenta il mistero è la struttura delle città sumere, progettate con una precisione geometrica che suggerisce una comprensione avanzata di matematica e ingegneria. Le ziggurat, templi a piramide che svettano verso il cielo, erano allineate con precisione astronomica, forse per seguire i movimenti delle stelle e dei pianeti. Questa pianificazione accurata ha portato alcuni a ipotizzare che i Sumeri potessero aver ricevuto conoscenze avanzate da fonti esterne, inclusi visitatori extraterrestri.

La riflessione sulle origini della conoscenza astronomica sumera ci porta a considerare la possibilità di influenze esterne nel nostro sviluppo culturale e scientifico. Se i Sumeri avessero effettivamente avuto contatti con civiltà extraterrestri, ciò implicherebbe una rete di interazioni interstellari che ha influenzato diverse culture antiche in modi che ancora non comprendiamo appieno. Questa prospettiva invita a una revisione delle nostre narrazioni storiche, dove l'innovazione umana e l'ingegno si intrecciano con possibili influenze esterne.

Un parallelismo interessante si trova nelle similitudini tra le tavole astronomiche sumeriche e quelle di altre antiche civiltà, come gli Egizi e i Maya. Queste culture, pur separate geograficamente e temporalmente, mostrano una comprensione simile dei movimenti celesti e delle leggi astronomiche. Questo potrebbe indicare una fonte comune di conoscenza, forse derivante da un'interazione con civiltà extraterrestri che ha trasmesso informazioni avanzate attraverso il tempo e lo spazio.

Nonostante l'affascinante ipotesi degli antichi astronauti, è fondamentale mantenere un equilibrio tra apertura mentale e rigore scientifico. Le teorie alternative devono essere esaminate con attenzione critica, valutando le prove disponibili e confrontandole con le spiegazioni tradizionali. La mancanza di evidenze concrete di visitatori extraterrestri rende queste interpretazioni speculative, ma non necessariamente prive di valore. Esplorare queste possibilità può arricchire la nostra comprensione della storia umana e stimolare nuove ricerche che potrebbero portare a scoperte sorprendenti.

Mentre il giovane scriba sumerico continuava a tracciare i movimenti delle stelle, la sua mente si perdeva in pensieri profondi. La connessione tra cielo e terra, tra divinità e tecnologia, sembrava più chiara che mai. Che fossero gli antichi Sumeri a essere gli architetti della loro conoscenza astronomica attraverso il loro ingegno, o che avessero ricevuto un impulso da forze esterne, rimane un enigma affascinante. Le stelle, testimoni silenziose delle nostre origini, continuano a brillare, invitandoci a guardare oltre il conosciuto e a porci domande fondamentali sulla nostra storia e sul nostro posto nell'universo.

In questo intreccio di mito, storia e speculazione, emerge una narrazione che ci spinge a esplorare i confini della nostra conoscenza e a considerare le infinite possibilità che l'universo offre. I Sumeri, con la loro profonda conoscenza stellare, ci ricordano che la nostra storia è un mosaico complesso e affascinante, dove il passato e l'ignoto si incontrano, invitandoci a continuare la nostra inesauribile ricerca di verità e significato.

OOPArt: Oggetti Fuori dal Tempo

La luce fioca della torcia scivolava sulle pareti rocciose della caverna, rivelando forme enigmatiche incise nella pietra. Tra le ombre danzanti, emergeva la sagoma di un oggetto metallico, apparentemente fuori posto rispetto al contesto antico circostante. Questo reperto, scoperto per caso durante un'esplorazione archeologica in una remota regione del deserto iraniano, è diventato uno dei più affascinanti esempi di ciò che alcuni chiamano OOPArt: Oggetti Fuori dal Tempo. Ma cosa rende questi oggetti così particolari, e perché suscitano tanto dibattito tra studiosi e appassionati di misteri antichi?

Gli OOPArt sono reperti che sembrano violare le conoscenze storiche e tecnologiche del periodo in cui sono stati trovati. Questi oggetti, spesso fatti di materiali avanzati o con forme che non si adattano alle tecnologie conosciute dell'epoca, pongono interrogativi intriganti sulla loro origine e scopo. Uno dei casi più celebri è il Busoltgevindet di Hunnestad, una semplice pietra levigata scoperta in Norvegia, che sembra mostrare un design complesso e preciso non riconducibile alle tecniche artigianali conosciute dell'antichità.

Un dato sorprendente riguarda l'origine di molti

OOPArt. Questi oggetti sono distribuiti in tutto il mondo, da caverne remote in Africa a siti sacri in Sud America, suggerendo una possibile diffusione di conoscenze o influenze che trascendono le barriere geografiche e culturali. Questa distribuzione globale ha alimentato teorie secondo cui antiche civiltà potrebbero aver avuto contatti con visitatori provenienti da altre parti del mondo o, in alcune interpretazioni più controverse, da altre dimensioni o pianeti.

Un aneddoto affascinante riguarda la scoperta del Dendera Light, una rappresentazione iconografica trovata nei templi egizi di Dendera. A prima vista, l'immagine sembra raffigurare un dispositivo simile a una lampada a incandescenza, con un filamento centrale. Questa interpretazione ha portato alcuni a ipotizzare che gli antichi Egizi avessero accesso a tecnologie elettriche avanzate, forse trasmesse da visitatori extraterrestri. Tuttavia, gli egittologi tradizionali interpretano questa immagine come un simbolo religioso, probabilmente rappresentando la luce divina o un altro concetto spirituale.

La teoria degli antichi astronauti suggerisce che OOPArt possano essere resti di tecnologie avanzate condivise da visitatori extraterrestri. Questa prospettiva invita a una revisione delle nostre narrazioni storiche, proponendo che alcune delle nostre conquiste tecnologiche più sorprendenti possano essere state facilitate da influenze esterne. Ma quali prove supportano questa teoria, e come si confronta con le spiegazioni tradizionali?

Un elemento chiave nella discussione degli OOPArt è la loro misteriosa origine. Molti di questi reperti non possono essere facilmente attribuiti a nessuna cultura conosciuta o a tecnologie primitive, lasciando spazio a speculazioni su come siano stati realizzati. Ad esempio, l'Antikythera Mechanism, un antico dispositivo greco scoperto in una nave naufragata, è spesso descritto come il primo computer analogico conosciuto. La sua complessità meccanica suggerisce una comprensione avanzata dell'ingegneria e dell'astronomia che supera di gran lunga quella attribuita agli antichi Greci.

Tuttavia, la comunità scientifica tradizionale offre spiegazioni alternative. Molti archeologi e storici ritengono che questi oggetti siano il risultato dell'ingegno umano e dell'evoluzione tecnologica naturale. Ad esempio, nel caso dell'Antikythera Mechanism, recenti studi hanno dimostrato che gli antichi Greci possedevano una conoscenza sofisticata dell'ingegneria meccanica, sviluppando strumenti complessi attraverso un processo di sperimentazione e innovazione continua.

Un altro aneddoto interessante riguarda la scoperta di una serie di ceramiche incise con simboli che sembrano rappresentare forme geometriche avanzate. Tali ceramiche, trovate in diverse parti del mondo, sollevano la domanda su come antiche civiltà abbiano potuto sviluppare simili disegni indipendentemente l'una dall'altra. La teoria degli antichi astronauti suggerisce che questa uniformità potrebbe essere il risultato di una fonte comune di ispirazione, forse proveniente da visitatori esterni che hanno condiviso conoscenze avanzate con diverse culture.

Tuttavia, un'analisi più approfondita delle ceramiche mostra che le similitudini potrebbero essere spiegate attraverso scambi culturali e migrazioni di popolazioni antiche. Le vie di commercio e le interazioni tra diverse civiltà potrebbero aver facilitato la diffusione di tecniche artistiche e simbolismi comuni, riducendo la necessità di ipotizzare influenze extraterrestri.

Un dato emblematico riguarda la robustezza e la durata di alcuni OOPArt. Oggetti come le armature di ferro trovate in siti antichi, che mostrano una resistenza superiore rispetto ai metalli conosciuti dell'epoca, sollevano interrogativi su come siano stati realizzati. La teoria degli antichi astronauti suggerisce che tali tecnologie potrebbero essere state fornite da visitatori avanzati, capaci di manipolare materiali con precisione e efficienza superiori.

Nonostante queste affascinanti teorie, è essenziale mantenere un equilibrio tra apertura mentale e rigore scientifico. Le spiegazioni tradizionali basate sull'ingegno umano e sull'evoluzione culturale offrono una visione plausibile e supportata da evidenze concrete. Tuttavia, l'esistenza di OOPArt continua a stimolare la curiosità e a spingere i ricercatori a esplorare nuove possibilità e metodologie di analisi.

Mentre il sole tramontava sull'antica civiltà che aveva creato questi misteriosi oggetti, il ricercatore si chiese se l'ingegno umano fosse sufficiente a spiegare la complessità degli OOPArt, o se fosse necessaria una nuova prospettiva che includesse potenziali influenze esterne. La ricerca continua, spingendo i confini della nostra comprensione e invitandoci a guardare oltre le spiegazioni convenzionali.

In questo intreccio di storia, tecnologia e mistero, emerge una narrazione che ci spinge a esplorare i confini della nostra conoscenza e a considerare le infinite possibilità che l'universo offre. Gli OOPArt, con le loro enigmatiche forme e le loro implicazioni tecnologiche, ci ricordano che la storia umana è un mosaico complesso e affascinante, dove il passato e l'ignoto si incontrano, invitandoci a continuare la nostra inesauribile ricerca di verità e significato.

Il Genio di Leonardo: Ispirazione Aliena?

Nel silenzio ovattato del suo studio fiorentino, Leonardo da Vinci tracciava con cura i contorni di una macchina volante, un disegno che sfidava le leggi della fisica del suo tempo. Le sue mani si muovevano con grazia e precisione, come se fossero guidate da una conoscenza che andava oltre l'ingegno umano. Ma cosa se questo genio rinascimentale non fosse solo il frutto del suo straordinario talento, ma anche il veicolo di un sapere perduto, forse ispirato da forze esterne al nostro pianeta?

Leonardo da Vinci è universalmente riconosciuto come uno dei più grandi geni della storia umana. La sua capacità di spaziare dall'arte alla scienza, dall'ingegneria alla anatomia, ha lasciato un'impronta indelebile nel mondo. Tuttavia, alcuni studiosi e appassionati delle teorie degli "antichi astronauti" suggeriscono che alcune delle sue invenzioni e scoperte potrebbero aver ricevuto ispirazione da conoscenze avanzate non terrestri.

Un dato sorprendente è la precisione con cui Leonardo anticipò tecnologie moderne. I suoi disegni includono concetti di macchine volanti, elicotteri, carri armati e persino un prototipo di submarino. Queste invenzioni, seppur rudimentali, dimostrano una comprensione profonda delle dinamiche meccaniche e aerodinamiche. Come potrebbe un uomo del XV secolo aver concepito tali idee senza accesso a strumenti scientifici avanzati?

L'aneddoto più intrigante riguarda il Codice Atlantico, una vasta raccolta di disegni e appunti di Leonardo. Tra le pagine ingiallite, si trovano schizzi di macchine volanti che assomigliano incredibilmente ai moderni aeroplani. Alcuni interpretano questi disegni come prova di un sapere perduto, forse trasmesso da visitatori extraterrestri che avrebbero condiviso con Leonardo segreti tecnologici avanzati.

Un altro esempio è il "Progetto del Carro Armato", una macchina bellica con ruote coperte da un rivestimento metallico e munizioni disposte intorno al suo perimetro. Questo design prefigurava i carri armati del XX secolo. La complessità e l'innovazione di questo progetto sollevano la domanda: come poteva Leonardo immaginare una tale invenzione senza una base tecnologica comparabile?

La teoria degli antichi astronauti suggerisce che Leonardo potrebbe aver avuto accesso a conoscenze avanzate grazie a incontri con esseri provenienti da altri mondi. Questa ipotesi si basa sull'osservazione della straordinaria accuratezza e innovazione delle sue invenzioni, che sembrano oltrepassare le capacità tecnologiche del suo tempo. Tuttavia, è fondamentale esaminare queste affermazioni con un occhio critico e una comprensione del contesto storico.

Gli studiosi tradizionali attribuiscono le invenzioni di Leonardo al suo acuto intuito e alla sua insaziabile curiosità. La sua abilità di osservare e sperimentare lo ha portato a esplorare concetti che molti dei suoi contemporanei non avevano mai considerato. La sua formazione in anatomia, ingegneria e arte gli ha permesso di integrare conoscenze multidisciplinari, dando vita a invenzioni che, seppur teoriche, dimostrano un avanzato pensiero critico.

Tuttavia, l'assenza di documentazione concreta su eventuali contatti extraterrestri lascia spazio all'immaginazione. Nessuna testimonianza diretta o reperto archeologico supporta l'idea di incontri con civiltà aliene durante la vita di Leonardo. Le teorie degli antichi astronauti, pur affascinanti, mancano di evidenze scientifiche solide e sono spesso basate su interpretazioni speculative dei fatti storici.

Un parallelismo interessante si trova nelle

similitudini tra i disegni di Leonardo e le descrizioni di tecnologie extraterrestri in altre culture antiche. Ad esempio, le raffigurazioni di veicoli volanti nei testi sumero-babilonesi e nelle pitture rupestri dell'Europa preistorica mostrano forme che ricordano i disegni di Leonardo. Questa convergenza potrebbe suggerire una fonte comune di ispirazione, ma potrebbe anche essere il risultato di un'ingegnosità umana simile in diverse culture.

La riflessione sulle invenzioni di Leonardo ci porta a considerare i limiti della nostra comprensione della storia e della tecnologia umana. Se, in effetti, alcune delle sue idee furono ispirate da conoscenze avanzate, ciò implicherebbe una rete di interazioni cosmiche che ha influenzato lo sviluppo delle civiltà umane in modi che ancora non comprendiamo appieno. Questa prospettiva invita a una revisione delle nostre narrazioni storiche, dove il genio umano si intreccia con possibili influenze esterne.

Un altro aspetto che alimenta questa teoria è la presenza di simboli e codici nei disegni di Leonardo che sembrano suggerire una conoscenza criptata o un linguaggio segreto. Alcuni ricercatori sostengono che questi simboli potrebbero essere chiavi per decifrare un sapere nascosto, forse trasmesso da visitatori extraterrestri. Tuttavia, senza una chiave di lettura definitiva, queste interpretazioni rimangono nel regno della speculazione.

Nonostante l'attrattiva delle teorie degli antichi astronauti, è essenziale mantenere un equilibrio tra apertura mentale e rigore scientifico. Le invenzioni di Leonardo, seppur straordinarie, possono essere comprese e apprezzate all'interno del contesto della sua epoca e delle sue capacità intellettuali. La sua abilità di combinare arte e scienza, immaginazione e analisi, lo ha reso un innovatore senza pari, capace di anticipare le scoperte future attraverso un acuto intuito e una dedizione incessante alla conoscenza.

Mentre il sole tramontava su Firenze, illuminando le guglie della cattedrale con una luce dorata, il pensiero di Leonardo continuava a ispirare generazioni di artisti, scienziati e sognatori. Che le sue invenzioni fossero frutto di un genio umano straordinario o di una possibile ispirazione esterna, Leonardo da Vinci rimane un simbolo della nostra incessante ricerca di conoscenza e comprensione. Le sue opere ci ricordano che, indipendentemente dalle fonti di ispirazione, l'ingegno umano ha il potere di trasformare il mondo e di spingere i confini della nostra immaginazione verso l'infinito.

In questo intreccio di storia, mito e speculazione, emerge una narrazione che ci invita a esplorare i confini della nostra conoscenza e a considerare le infinite possibilità che l'universo offre. Il genio di Leonardo, con le sue invenzioni enigmatiche e le sue idee rivoluzionarie, ci ricorda che la nostra storia è un mosaico complesso e affascinante, dove il passato e l'ignoto si incontrano, invitandoci a continuare la nostra inesauribile ricerca di verità e significato.

Il Messaggio delle Costellazioni

Sotto il vasto cielo stellato, i monumenti antichi si ergono come sentinelle silenziose del passato, allineati in modo tale da rispecchiare i movimenti celesti con una precisione sorprendente. Stonehenge, le Piramidi di Giza, il Tempio di Angkor Wat: tutti questi siti architettonici sono stati studiati non solo per la loro magnificenza artistica, ma anche per i loro misteriosi allineamenti astronomici. Ma cosa se questi allineamenti non fossero semplicemente il frutto di un'osservazione attenta delle stelle da parte delle antiche civiltà, ma fossero in realtà messaggi codificati lasciati da civiltà extraterrestri?

La teoria degli antichi astronauti propone che alcune delle più grandi strutture del mondo possano contenere codici segreti destinati a essere decifrati da visitatori di altri mondi. Prendiamo ad esempio Stonehenge, situato nella campagna inglese. Questo complesso megalitico, composto da enormi pietre erette con precisione millimetrica, è allineato con i movimenti del sole durante gli equinozi e i solstizi. Questo allineamento suggerisce una conoscenza avanzata dell'astronomia, che va oltre le capacità tecnologiche attribuite alle popolazioni neolitiche che lo costruirono. Alcuni ricercatori ipotizzano che Stonehenge possa essere stato progettato come un sistema di comunicazione interstellare, utilizzando la luce solare come un segnale codificato per trasmettere informazioni attraverso le stelle.

Un altro esempio affascinante è rappresentato dalle Piramidi di Giza, costruite con una precisione che ha lasciato perplessi gli archeologi per secoli. Le piramidi non solo sono allineate con i punti cardinali, ma le loro dimensioni e proporzioni sembrano riflettere complesse conoscenze matematiche e astronomiche. Il Grande Sfinge, situato di fronte alle piramidi, è allineato con il polo nord stellare di circa 10.000 anni fa, un dettaglio che solleva interrogativi sulla comprensione delle stelle da parte degli antichi Egizi. Alcuni teorici degli antichi astronauti suggeriscono che queste strutture possano essere state utilizzate come fari cosmici, inviando segnali di comunicazione verso altre civiltà sparse nell'universo.

L'allineamento astronomico non è una caratteristica esclusiva delle grandi piramidi e di Stonehenge. Angkor Wat, il complesso templare in Cambogia, è anch'esso allineato con precisione rispetto ai movimenti solari e lunari. Questo sito, dedicato al dio indù Vishnu, presenta un complesso sistema di specchi d'acqua che riflettono la luce solare durante particolari eventi astronomici. Questa armonia tra architettura e cielo suggerisce una comprensione avanzata dei cicli celesti, forse indicativa di un'influenza esterna che ha guidato la progettazione e la costruzione del tempio.

Un aneddoto che incarna il mistero di questi allineamenti è la scoperta recente di un complesso di pietre nel deserto del Sahara, chiamato "Il Mosaico delle Stelle". Questo sito, ancora poco esplorato, presenta pietre disposte in modo da formare mappe stellari che corrispondono a costellazioni conosciute soltanto in epoche future. La precisione con cui queste costellazioni sono rappresentate solleva la domanda: come poteva una civiltà antica avere accesso a informazioni astronomiche avanzate che non erano ancora scoperte dai moderni scienziati?

Le similitudini tra i vari siti architettonici sparsi per il globo suggeriscono una possibile rete di comunicazione interstellare. Le linee di Nazca in Perù, giganteschi geoglifi visibili solo dall'alto, potrebbero essere state progettate come segnali direzionali per guidare visitatori provenienti dallo spazio verso siti specifici. Questi geoglifi, che rappresentano forme di animali e figure geometriche, potrebbero contenere codici nascosti o simbolismi intelligibili solo da chi possiede una conoscenza avanzata delle stelle e dei movimenti planetari.

Nonostante l'affascinante ipotesi degli antichi

astronauti, è fondamentale considerare le spiegazioni tradizionali. Gli archeologi e gli storici dell'arte attribuiscono questi allineamenti a un'osservazione meticolosa e a un'intuizione avanzata delle civiltà antiche, che potevano pianificare e costruire strutture in armonia con il cielo attraverso l'osservazione diretta e la sperimentazione. La precisione degli allineamenti può essere spiegata attraverso tecniche di misurazione semplici ma efficaci, sviluppate nel corso di generazioni di osservazione astronomica.

Tuttavia, la mancanza di documentazione scritta dettagliata sulle tecniche di costruzione e sull'intento simbolico di questi monumenti lascia spazio alla speculazione. Le antiche civiltà non lasciavano registrazioni complete delle loro conoscenze tecnologiche e delle loro pratiche spirituali, rendendo difficile ricostruire con precisione il loro pensiero e le loro motivazioni. Questa lacuna nella documentazione storica alimenta le teorie alternative, che vedono nei monumenti antichi non solo espressioni culturali e religiose, ma anche strumenti di comunicazione avanzata.

Un parallelismo interessante si trova nelle culture che hanno sviluppato in modo indipendente sistemi di allineamento astronomico simili. I Maya, con il loro calendario preciso e i loro osservatori astronomici, mostrano una comprensione del cielo paragonabile a quella degli antichi Egizi e Sumeri. Questa convergenza potrebbe indicare una rete di scambi culturali antichi o, secondo le teorie più controverse, una diffusione di conoscenze avanzate da fonti esterne.

La riflessione su questi misteriosi allineamenti ci porta a considerare la nostra posizione nell'universo e la possibilità di una connessione più ampia tra le civiltà. Se questi monumenti fossero davvero messaggi codificati destinati a essere decifrati da civiltà extraterrestri, ciò implicherebbe una rete di comunicazione interstellare che ha influenzato lo sviluppo delle nostre prime civiltà. Questa prospettiva sfida le nostre concezioni tradizionali della storia e della tecnologia umana, invitandoci a guardare oltre le nostre conoscenze attuali e a considerare le infinite possibilità che l'universo offre.

Un aneddoto che illustra questa idea è la scoperta di un dispositivo meccanico nel sito di Puma Punku, nelle Ande boliviane. Questo reperto, composto da blocchi di pietra finemente tagliati e incastonati con precisione millimetrica, ha stupito gli archeologi per la sua complessità e perfezione. Alcuni teorici degli antichi astronauti suggeriscono che Puma Punku potesse essere un punto di transito o un centro di comunicazione per visitatori extraterrestri, grazie alla sua posizione strategica e alla sua struttura avanzata.

Nonostante l'attrattiva delle teorie degli antichi astronauti, è essenziale mantenere un equilibrio tra apertura mentale e rigore scientifico. Le spiegazioni tradizionali, basate sull'evoluzione culturale e sull'innovazione tecnologica umana, offrono una visione plausibile e supportata da evidenze concrete. Tuttavia, esplorare le possibilità alternative può arricchire la nostra comprensione della storia e stimolare nuove ricerche che potrebbero svelare ulteriori misteri del nostro passato.

Mentre le stelle continuano a brillare nel cielo notturno, i monumenti antichi ci ricordano che la nostra connessione con l'universo è profonda e complessa. Che questi allineamenti siano il frutto dell'ingegno umano o messaggi di civiltà extraterrestri, rimangono un simbolo potente della nostra incessante ricerca di conoscenza e significato. In questo intreccio di mito, storia e speculazione, emerge una narrazione che ci invita a esplorare i confini della nostra comprensione e a considerare le infinite possibilità che l'universo offre. Il messaggio delle costellazioni, nascosto tra le pietre dei nostri monumenti antichi, continua a ispirare e a intrigare, spingendoci a guardare oltre il conosciuto e a porci domande fondamentali sulla nostra origine e sul nostro posto nell'immensità cosmica.

Gli Antenati delle Religioni

Immagina di camminare attraverso le sale di un antico tempio, avvolto dall'aroma di incenso e illuminato da candele tremolanti. Le pareti sono adornate con affreschi che narrano storie di dèi maestosi, miracoli e creazioni cosmiche. Queste immagini, ripetute in molte culture diverse, sollevano una domanda affascinante: potrebbero le religioni antiche aver avuto origine da interazioni con esseri provenienti da altri mondi?

Le religioni hanno sempre svolto un ruolo centrale nelle società umane, fornendo spiegazioni per i misteri della vita, norme morali e un senso di comunità. Tuttavia, alcuni teorici degli antichi astronauti suggeriscono che le figure divine e le narrazioni mitologiche potrebbero essere state influenzate o addirittura originate da incontri con civiltà extraterrestri. Questa teoria, sebbene controversa e non accettata dalla maggior parte degli studiosi, offre una prospettiva intrigante sulla nascita e lo sviluppo delle religioni.

Un dato sorprendente emerge quando esaminiamo le similitudini tra le storie mitologiche di diverse culture. Dall'Antico Egitto alla Mesopotamia, dai Maya all'India, troviamo narrazioni che descrivono dèi che discendono dal cielo, portando conoscenze avanzate e poteri straordinari. Ad esempio, nella Bibbia, la visione del carro di fuoco di Ezechiele è stata interpretata da alcuni come una descrizione di un'astronave extraterrestre. Allo stesso modo, i Vimana nelle scritture indiane sono descritti come carri volanti dotati di tecnologie avanzate, simili ai moderni concetti di veicoli spaziali.

Un aneddoto affascinante riguarda l'Epopea di Gilgamesh, uno dei più antichi testi letterari conosciuti. In questa storia, Gilgamesh incontra degli esseri celesti che gli impartiscono conoscenze segrete e lo guidano in viaggi straordinari. Alcuni interpretano questi incontri come testimonianze di interazioni reali con visitatori extraterrestri che hanno influenzato profondamente la cultura e la tecnologia sumera.

Le prove archeologiche di questa teoria si concentrano su artefatti e monumenti che sembrano mostrare conoscenze avanzate non attribuibili alle civiltà antiche. Le Piramidi di Giza, con la loro precisione millimetrica e l'allineamento astronomico, sono spesso citate come esempi di costruzioni che potrebbero aver beneficiato di conoscenze aliene. Le linee di Nazca in Perù, visibili solo dall'alto, potrebbero essere state progettate come segnali di comunicazione per visitatori provenienti dallo spazio.

Un altro elemento chiave è la presenza di simboli e linguaggi nelle scritture antiche che sembrano codificati o criptici. Questi simboli potrebbero essere interpretati come tentativi di comunicare informazioni avanzate a chi possiede una comprensione superiore, forse da parte di una civiltà extraterrestre. Ad esempio, i geroglifici egizi e i caratteri sumero-babilonesi contengono elementi che alcuni teorici suggeriscono possano essere messaggi nascosti o codici di comunicazione interstellare.

Tuttavia, è essenziale considerare le spiegazioni tradizionali offerte dagli studiosi della storia e dell'archeologia. Le similitudini tra le religioni possono essere attribuite a scambi culturali e migrazioni di popolazioni antiche, piuttosto che a influenze extraterrestri. La convergenza di miti e simboli può derivare dall'osservazione comune dei fenomeni naturali e dalla necessità di spiegazioni spirituali e morali in diverse società.

Un esempio interessante è il parallelo tra gli dèi dell'Olimpo nella mitologia greca e gli dei della mitologia sumera. Entrambe le culture descrivono entità divine con poteri sovrumani e capacità di influenzare direttamente il mondo umano. Questa convergenza potrebbe essere il risultato di interazioni culturali piuttosto che di influenze aliene, riflettendo una risposta umana universale ai misteri dell'universo.

La riflessione su queste teorie ci invita a esplorare i limiti della nostra comprensione della storia e della spiritualità umana. Se le religioni antiche fossero state influenzate da visitatori extraterrestri, ciò implicherebbe una connessione più ampia tra l'umanità e l'universo, suggerendo che la nostra ricerca di conoscenza e significato abbia radici cosmiche. Questa prospettiva sfida le nostre concezioni tradizionali, aprendo nuove vie di esplorazione e interpretazione della nostra eredità culturale.

Un aneddoto emblematico riguarda la scoperta di antichi testi sumero-babilonesi che descrivono strutture celesti e tecnologie avanzate. Questi testi, sebbene simbolici e mitologici, contengono dettagli che alcuni interpretano come descrizioni di dispositivi tecnologici extraterrestri. La mancanza di interpretazioni alternative convincenti alimenta la speculazione sulla possibile origine aliena di queste conoscenze avanzate.

Nonostante l'affascinante ipotesi degli antichi astronauti, è fondamentale mantenere un equilibrio tra apertura mentale e rigore scientifico. Le teorie alternative devono essere esaminate criticamente, valutando le prove disponibili e confrontandole con le spiegazioni tradizionali basate sull'ingegno umano e sull'evoluzione culturale. La mancanza di evidenze concrete di contatti extraterrestri rende queste teorie speculative, ma non necessariamente prive di valore. Esplorare queste possibilità può arricchire la nostra comprensione della storia umana e stimolare nuove ricerche che potrebbero portare a scoperte sorprendenti.

Mentre le stelle continuano a brillare nel cielo notturno, i monumenti antichi ci ricordano che la nostra connessione con l'universo è profonda e complessa. Che le religioni antiche siano nate dall'ingegno umano o da influenze extraterrestri, rimangono pilastri della nostra cultura e della nostra identità collettiva. In questo intreccio di mito, storia e speculazione, emerge una narrazione che ci invita a guardare oltre le nostre conoscenze attuali e a porci domande fondamentali sulla nostra origine e sul nostro posto nell'immensità cosmica. Gli antenati delle religioni, con le loro storie divine e le loro pratiche spirituali, ci ricordano che la nostra ricerca di significato è una costante nell'evoluzione umana, un viaggio che continua a spingerci verso nuove frontiere di conoscenza e comprensione.

Contatti Proibiti

Immagina di scoprire un documento antico, custodito gelosamente in una biblioteca segreta, che descrive in dettaglio un incontro ravvicinato con esseri provenienti da altre stelle. La rivelazione di tali prove avrebbe il potere di riscrivere la storia umana, mettendo in discussione le basi stesse delle nostre credenze scientifiche e religiose. Ma cosa succederebbe se queste prove fossero state effettivamente scoperte, ma successivamente nascoste o ignorate dalla scienza ufficiale? Questo paradosso solleva una questione intrigante: perché la comunità scientifica sembra restare scettica di fronte a evidenze potenzialmente rivoluzionarie di contatti extraterrestri?

La teoria degli antichi astronauti suggerisce che visitatori provenienti da altri mondi abbiano influenzato lo sviluppo delle civiltà umane, lasciando tracce indelebili nelle nostre strutture, miti e conoscenze tecnologiche. Tuttavia, nonostante le numerose prove suggeriscono possibili interazioni extraterrestri, la scienza ufficiale mantiene una posizione scettica o addirittura negazionista. Questa resistenza solleva interrogativi sui motivi che potrebbero spingere a nascondere o minimizzare tali contatti.

Un dato sorprendente riguarda il numero di documenti e testimonianze che sembrano supportare l'idea di contatti alieni, ma che sono stati relegati ai margini della ricerca accademica. Libri, manoscritti e reperti archeologici che presentano evidenze di tecnologie avanzate o narrazioni mitologiche di dèi provenienti dal cielo spesso vengono ignorati o discreditati dai ricercatori convenzionali. Questo isolamento accademico può essere attribuito a vari fattori, tra cui il timore di perdere credibilità scientifica, il potenziale impatto sociale di tali scoperte e la mancanza di prove concrete e replicabili secondo i rigidi standard scientifici.

Un aneddoto emblematico è la storia del "Libro di Thoth", un antico testo egizio che descrive conoscenze avanzate di matematica e astronomia. Si narra che il libro contenga informazioni segrete trasmesse da esseri extraterrestri. Tuttavia, ogni tentativo di decifrare il libro con metodi tradizionali si è concluso con insuccesso, alimentando la teoria che esista un sapere proibito, custodito da élite accademiche e religiose che temono le implicazioni di una verità così sconvolgente.

Un altro elemento cruciale è il ruolo delle istituzioni religiose e governative nella gestione delle scoperte che potrebbero alterare il nostro concetto di umanità. La storia è costellata di esempi in cui informazioni ritenute pericolose o destabilizzanti sono state censurate o nascoste. Durante la Guerra Fredda, ad esempio, numerosi avvistamenti UFO furono soppressi dalle autorità militari per evitare il panico pubblico e mantenere il controllo narrativo. Questa tendenza a nascondere la verità ha alimentato un clima di sospetto e speculazione, rendendo difficile per i ricercatori indipendenti e gli appassionati accedere a informazioni autentiche e trasparenti.

La riflessione su questi "contatti proibiti" ci porta a considerare l'interazione tra potere, conoscenza e verità. Se le prove di contatti extraterrestri fossero realmente nascoste, ciò implicherebbe una collusione tra scienziati, politici e religiosi per mantenere lo status quo. Questa ipotesi solleva domande etiche e filosofiche: è giusto limitare l'accesso alla conoscenza per proteggere l'ordine sociale, o questo atto di censura impedisce all'umanità di progredire e di comprendere la propria origine?

Un parallelismo interessante si trova nelle moderne teorie della cospirazione, dove si sostiene che eventi storici o scoperte scientifiche siano stati manipolati da élite nascoste. Queste teorie, seppur spesso criticate per la mancanza di evidenze concrete, riflettono un crescente sfiducia nelle istituzioni ufficiali e una ricerca di verità alternative. La crescente diffusione di informazioni attraverso internet ha democratizzato l'accesso ai dati, ma ha anche reso più facile la proliferazione di teorie non verificate e speculazioni infondate.

Nonostante lo scetticismo, ci sono ricercatori che continuano a investigare questi misteri, cercando di bilanciare apertura mentale e rigore scientifico. Organizzazioni come SETI (Search for Extraterrestrial Intelligence) lavorano per rilevare segnali da civiltà aliene, mentre studiosi indipendenti esaminano reperti archeologici e testi antichi alla ricerca di indizi che possano supportare la teoria degli antichi astronauti. Questi sforzi, seppur minoritari, mantengono viva la speranza che una prova definitiva possa un giorno emergere, cambiando per sempre il nostro modo di vedere l'universo e il nostro posto in esso.

Mentre esploriamo queste teorie, è fondamentale mantenere un equilibrio tra curiosità e scetticismo, aperti a nuove possibilità ma anche rigorosi nell'analisi delle evidenze. La ricerca della verità, indipendentemente dalle sue implicazioni, è una delle fondamenta della scienza e della conoscenza umana. Se esistono "contatti proibiti" con civiltà extraterrestri, la loro rivelazione potrebbe rappresentare uno dei più grandi traguardi della nostra specie, aprendo nuove frontiere di comprensione e interazione cosmica.

In questo intreccio di potere, censura e ricerca della verità, emerge una narrazione che ci invita a riflettere sul valore della trasparenza e dell'integrità scientifica. I "contatti proibiti", se mai saranno confermati, non solo rivoluzioneranno la nostra storia, ma plasmeranno anche il nostro futuro, invitandoci a guardare oltre le nostre limitate percezioni e a considerare la possibilità di una connessione più ampia e profonda con l'universo. La domanda rimane: siamo pronti a scoprire e accettare una verità che potrebbe cambiare per sempre il nostro modo di vivere e di pensare?

Segreti nelle Piramidi del Mondo

Il sole tramonta lentamente dietro l'orizzonte, gettando ombre lunghe sulle imponenti strutture di pietra che dominano il paesaggio. Dalla maestosa Piramide di Cheope in Egitto alle enigmatiche piramidi di Mesoamerica, queste forme architettoniche affascinano l'umanità da millenni. Ma cosa lega queste piramidi, costruite in epoche e luoghi così diversi, oltre alla loro forma distintiva? E se la risposta non fosse esclusivamente umana, ma legata a una comune influenza extraterrestre?

Le piramidi sono presenti in molte culture antiche, ognuna con le proprie peculiarità e finalità. In Egitto, le piramidi erano tombe monumentali per i faraoni, simboli di potere e divinità terrestri. In Mesoamerica, come quelle di Teotihuacan e dei Maya, servivano scopi rituali e astronomici, riflettendo una profonda connessione con il cosmo. Anche in Sud America, le piramidi di Caral in Perù testimoniano una civiltà avanzata che ha saputo costruire strutture complesse senza l'uso di ruote o animali da soma. Questa diffusione globale di piramidi suscita una domanda intrigante: come hanno potuto civiltà così distanti sviluppare strutture simili indipendentemente l'una dall'altra?

Un dato sorprendente riguarda la precisione

geometrica e l'allineamento astronomico di molte piramidi. La Piramide di Cheope, ad esempio, è allineata con una precisione quasi perfetta rispetto ai punti cardinali. Le piramidi maya sono orientate in modo tale da catturare eventi astronomici specifici, come i solstizi e le eclissi. Questo livello di precisione suggerisce una conoscenza avanzata dell'astronomia e della matematica. Come potevano queste antiche civiltà ottenere tali conoscenze senza strumenti scientifici moderni?

Un aneddoto affascinante è la scoperta delle piramidi sommerse nel Golfo di Cambaya, in Egitto, risalenti a oltre 6.000 anni fa. Queste strutture, se confermate, indicano che la costruzione di piramidi non era limitata a certe regioni geografiche, ma era un fenomeno globale. La presenza di piramidi in diverse parti del mondo contemporaneamente potrebbe suggerire una diffusione di conoscenze che trascendeva le barriere culturali e geografiche, forse attraverso contatti con una civiltà extraterrestre.

La teoria degli antichi astronauti propone che queste similitudini architettoniche non siano frutto del solo ingegno umano, ma di influenze esterne. Secondo questa teoria, visitatori provenienti da altri mondi avrebbero condiviso tecnologie e conoscenze avanzate con le civiltà antiche, facilitando la costruzione di strutture complesse come le piramidi. Questa prospettiva invita a riconsiderare la storia umana, suggerendo che alcune delle nostre più grandi conquiste architettoniche potrebbero essere state facilitate da interventi extraterrestri.

Tuttavia, gli archeologi tradizionali offrono spiegazioni alternative basate sull'ingegno umano e sull'evoluzione tecnologica. La costruzione delle piramidi può essere attribuita all'organizzazione sociale, alla mobilitazione di grandi risorse umane e all'innovazione ingegneristica sviluppata nel tempo. Ad esempio, l'uso di rampe e leve per spostare i blocchi di pietra, unita a una pianificazione meticolosa, potrebbe spiegare come le piramidi di Cheope siano state erette con una precisione così straordinaria.

Un altro esempio emblematico è la Piramide di Kukulkan a Chichen Itza, che durante gli equinozi crea un'illusione visiva di una serpe che scende lungo i gradini. Questo fenomeno è stato interpretato come un messaggio astronomico o rituale, ma potrebbe anche suggerire un intento comunicativo verso visitatori esterni dotati di una conoscenza avanzata delle illusioni ottiche e delle interazioni luce-architettura.

Un parallelismo interessante si trova tra le piramidi egizie e quelle di Caral, una delle più antiche città dell'America precolombiana. Entrambe le culture hanno costruito piramidi senza l'uso di tecnologie simili, come la ruota o animali da soma, evidenziando un modello architettonico che supera le limitazioni tecniche del loro tempo. Questa convergenza potrebbe indicare un modello universale di pensiero architettonico, forse influenzato da un sapere condiviso che va oltre le origini terrestri.

La riflessione su queste piramidi ci porta a considerare i limiti della nostra comprensione storica e tecnologica. Se una comune influenza aliena fosse realmente alla base di queste strutture, ciò implicherebbe una rete di interazioni interstellari che ha plasmato le civiltà umane in modi che ancora non comprendiamo pienamente. Questa prospettiva sfida le nostre concezioni tradizionali, invitandoci a esplorare nuove vie di ricerca e interpretazione della nostra eredità culturale.

Un aneddoto significativo riguarda la scoperta di strumenti meccanici sofisticati all'interno delle piramidi maya, che alcuni interpretano come tecnologie avanzate non attribuibili all'ingegno umano dell'epoca. Questi strumenti, se confermati, potrebbero essere visti come testimonianze di una tecnologia extraterrestre condivisa con le civiltà antiche.

Nonostante l'attrattiva delle teorie degli antichi astronauti, è essenziale mantenere un equilibrio tra apertura mentale e rigore scientifico. Le spiegazioni tradizionali basate sull'ingegno umano e sull'evoluzione culturale offrono una visione plausibile e supportata da evidenze concrete. Tuttavia, l'esplorazione delle possibilità alternative può arricchire la nostra comprensione della storia umana, stimolando nuove ricerche che potrebbero svelare ulteriori misteri del nostro passato.

Mentre il crepuscolo avanza e le piramidi si stagliano contro il cielo stellato, rimaniamo affascinati dai loro segreti e dalle domande che sollevano. Che queste strutture siano il risultato di un ingegno umano straordinario o di una possibile influenza extraterrestre, rimangono simboli potenti della nostra incessante ricerca di conoscenza e di significato. In questo intreccio di storia, mito e speculazione, emerge una narrazione che ci invita a guardare oltre le nostre conoscenze attuali e a porci domande fondamentali sulla nostra origine e sul nostro posto nell'immensità cosmica. I segreti nelle piramidi del mondo, con le loro enigmatiche forme e le loro implicazioni tecnologiche, ci ricordano che la nostra storia è un mosaico complesso e affascinante, dove il passato e l'ignoto si incontrano, invitandoci a continuare la nostra inesauribile ricerca di verità e significato.

Le Navi del Tempo

In una notte senza stelle, il silenzio avvolgeva la vasta distesa del deserto. Sulle dune dorate, una figura solitaria osservava l'orizzonte, dove il cielo e la terra si fondevano in un abbraccio indistinto. Questo scenario, quasi surreale, non era altro che una replica in miniatura di ciò che alcuni teorizzano essere stato un incontro tra umanità e visitatori provenienti da un altro tempo e spazio. Ma cosa accadrebbe se questi viaggiatori temporali extraterrestri avessero effettivamente influenzato eventi storici cruciali della nostra civiltà?

La teoria dei viaggiatori temporali extraterrestri, una variante delle più ampie teorie degli antichi astronauti, suggerisce che esseri provenienti da civiltà avanzate abbiano non solo visitato la Terra, ma abbiano anche manipolato il flusso del tempo per influenzare lo sviluppo umano. Questa ipotesi, sebbene affascinante, si colloca ai margini della ricerca accademica, sollevando interrogativi sia scientifici che filosofici.

Un dato sorprendente che alimenta questa teoria è l'esistenza di eventi storici apparentemente inspiegabili o estremamente avanzati per le conoscenze dell'epoca. Prendiamo, ad esempio, la costruzione delle piramidi d'Egitto o delle linee di

Nazca in Perù. La precisione e la complessità di queste strutture hanno spesso lasciato perplessi gli studiosi, spingendo alcuni a considerare l'intervento di tecnologie aliene. Ma cosa succederebbe se tali strutture fossero il risultato non solo di ingegno umano, ma anche di manipolazioni temporali da parte di visitatori extraterrestri?

Un aneddoto emblematico riguarda il mito del "Tempo dei Giganti" presente in diverse culture antiche. Questi racconti descrivono esseri di dimensioni straordinarie che possiedono poteri sovrumani e conoscenze avanzate. Alcuni interpretano questi miti come testimonianze di interazioni reali con viaggiatori temporali, che avrebbero potuto influenzare lo sviluppo delle società umane attraverso l'introduzione di conoscenze tecnologiche e scientifiche avanzate.

La riflessione su questi presunti contatti ci porta a esaminare eventi storici specifici sotto una luce diversa. Ad esempio, l'invenzione della scrittura, uno dei più grandi balzi nella storia umana, avvenne quasi contemporaneamente in diverse civiltà, come quella mesopotamica, egizia e cinese. Questo sviluppo parallelo potrebbe essere visto non solo come risultato di un'evoluzione culturale autonoma, ma anche come una possibile diffusione di conoscenze avanzate attraverso interventi esterni.

Un altro elemento cruciale è la presenza di simboli e codici nelle antiche scritture che sembrano anticipare scoperte scientifiche moderne. Ad esempio, il Codice di Hammurabi contiene leggi che regolamentano aspetti della vita sociale e tecnologica con una precisione sorprendente. Alcuni teorici suggeriscono che tali codici potrebbero essere stati ispirati da conoscenze avanzate condivise da viaggiatori extraterrestri che hanno visitato la Terra in epoche remote.

Tuttavia, è fondamentale affrontare queste teorie con un approccio critico. La comunità scientifica tradizionale attribuisce la costruzione di monumenti antichi e lo sviluppo di conoscenze avanzate all'ingegno umano, alla cooperazione sociale e all'innovazione attraverso il tempo. Le spiegazioni convenzionali evidenziano come le società antiche abbiano potuto sviluppare tecniche complesse attraverso l'esperienza diretta, la sperimentazione e lo scambio culturale.

Un esempio illuminante è la costruzione delle piramidi, spiegata attraverso la logistica avanzata, l'organizzazione del lavoro e l'uso di strumenti semplici ma efficaci. Gli archeologi hanno dimostrato come le piramidi possano essere state erette attraverso l'uso di rampe, leve e un sistema di lavoro altamente coordinato, senza la necessità di interventi esterni.

Nonostante ciò, la persistenza delle teorie sugli antichi astronauti e sui viaggiatori temporali extraterrestri indica una profonda curiosità e un desiderio umano di comprendere i misteri del passato. Queste teorie, seppur speculative, stimolano la nostra immaginazione e ci spingono a esplorare nuove prospettive sulla storia umana e sulle possibilità dell'universo.

Un parallelismo interessante emerge quando consideriamo le recenti scoperte nella fisica quantistica e nella teoria delle stringhe, che suggeriscono l'esistenza di dimensioni multiple e possibilità di viaggi nel tempo. Sebbene queste teorie siano ancora in fase di sviluppo e altamente speculative, aprono la porta a un dialogo tra scienza e speculazione, dove concetti antichi possono trovare nuovi significati alla luce delle scoperte moderne.

La riflessione finale su queste teorie ci porta a considerare la nostra posizione nell'universo e le possibilità future di interazione con civiltà extraterrestri. Se i viaggiatori temporali extraterrestri hanno realmente influenzato eventi storici, ciò implicherebbe una connessione cosmica che va oltre le nostre attuali concezioni di tempo e spazio. Questa prospettiva non solo sfida le nostre narrazioni storiche, ma ci invita anche a riconsiderare il nostro ruolo nell'universo e la natura della conoscenza e del progresso umano.

Mentre il deserto si oscura e le stelle iniziano a brillare nel cielo notturno, rimaniamo sospesi tra il passato e il futuro, tra il possibile e l'ignoto. Le "navi del tempo" extraterrestri, se mai esistessero, rappresenterebbero una delle più grandi rivelazioni della nostra storia, una prova tangibile della nostra connessione con l'universo e delle infinite possibilità che esso offre. Che queste teorie rimangano nel regno della speculazione o si trasformino in realtà, continuano a ispirare la nostra incessante ricerca di verità e significato, ricordandoci che la storia umana è un mosaico complesso e affascinante, dove il passato e l'ignoto si incontrano in un dialogo eterno.

L'Eredità Aliena nelle Scienze

Il crepuscolo si fondeva con l'orizzonte mentre osservavo le stelle emergere nel cielo notturno. Ogni costellazione racconta una storia antica, una narrazione cosmica che ha affascinato l'umanità per millenni. Ma cosa accadrebbe se alcune delle nostre scoperte scientifiche più rivoluzionarie fossero il risultato non solo del genio umano, ma anche di influenze provenienti da mondi lontani?

La storia della scienza è costellata di momenti in cui l'umanità ha raggiunto traguardi apparentemente inimmaginabili. Prendiamo, ad esempio, la matematica avanzata degli antichi Egizi o la comprensione sofisticata dell'astronomia dei Maya. Queste civiltà, senza l'ausilio delle tecnologie moderne, hanno sviluppato sistemi matematici complessi e osservazioni astronomiche di precisione sorprendente. Come potevano società antiche, con risorse limitate e conoscenze trasmesse oralmente, arrivare a tali livelli di sofisticazione?

Un dato affascinante emerge quando consideriamo l'Antikythera Mechanism, un dispositivo meccanico greco risalente al II secolo a.C., spesso definito il primo computer analogico conosciuto. Questo complesso ingranaggio, scoperto in un relitto nel mare Egeo, dimostra una comprensione avanzata dell'ingegneria e dell'astronomia che supera di gran lunga le capacità attribuite agli antichi Greci. La sua presenza solleva una domanda inquietante: potrebbe questo dispositivo essere stato influenzato da conoscenze aliene, tramandate attraverso contatti extraterrestri?

La teoria delle influenze aliene nella scienza umana si fonda sull'idea che visitatori provenienti da altri mondi abbiano condiviso con le civiltà terrestri conoscenze avanzate, accelerando il progresso scientifico e tecnologico. Questo concetto non è completamente privo di paralleli nella storia della scienza moderna. Pensiamo, ad esempio, all'idea di convergenza tecnologica: diverse culture, lavorando indipendentemente, spesso sviluppano soluzioni simili a problemi comuni. Tuttavia, quando queste soluzioni raggiungono livelli di complessità e precisione tali da sembrare al di là delle capacità umane dell'epoca, la teoria delle influenze aliene guadagna terreno.

Un aneddoto emblematico riguarda gli antichi testi vedici dell'India, che descrivono i Vimana, carri volanti dotati di tecnologie avanzate come motori a propulsione e sistemi di navigazione stellare. Queste descrizioni sembrano anticipare concetti moderni di veicoli spaziali. Sebbene molti studiosi interpretino i Vimana come simboli mitologici, alcuni teorici degli antichi astronauti vedono in essi descrizioni di vere tecnologie extraterrestri, suggerendo che le conoscenze necessarie per costruirli possano essere state trasferite da visitatori al di fuori del nostro pianeta.

La riflessione su queste teorie ci porta a esaminare il ruolo delle scoperte scientifiche che sfidano le spiegazioni convenzionali. La scoperta delle strutture megalitiche di Puma Punku, nelle Ande boliviane, è un esempio di come le tecnologie antiche possano apparire misteriosamente avanzate. Questi blocchi di pietra finemente tagliati e incastonati con precisione millimetrica hanno lasciato perplessi gli archeologi, alimentando speculazioni su possibili influenze aliene. Tuttavia, la comunità scientifica tradizionale attribuisce tali realizzazioni all'ingegno umano, alla mobilitazione di grandi risorse e all'evoluzione delle tecniche costruttive attraverso generazioni di sperimentazione.

Un parallelismo interessante emerge quando consideriamo le scoperte contemporanee nella fisica quantistica e nella teoria delle stringhe, che suggeriscono l'esistenza di dimensioni multiple e la possibilità di viaggi nel tempo. Queste teorie, sebbene ancora speculative, aprono nuove prospettive sulla nostra comprensione dell'universo e delle leggi che lo governano. Potrebbe essere che le antiche civiltà, attraverso contatti con civiltà extraterrestri avanzate, abbiano avuto accesso a conoscenze che oggi solo ipotizziamo nella scienza moderna?

Nonostante l'attrattiva delle teorie che collegano le scoperte scientifiche a influenze aliene, è essenziale mantenere un approccio critico. La scienza tradizionale offre spiegazioni basate sull'evoluzione culturale, sull'innovazione tecnologica e sulla cooperazione sociale. La precisione e la complessità delle scoperte scientifiche antiche possono essere attribuite all'ingegno umano e alla dedizione nel perfezionare le tecniche attraverso l'esperienza e l'osservazione.

Tuttavia, esplorare queste teorie alternative può arricchire la nostra comprensione della storia scientifica, spingendoci a considerare nuove domande e a rivedere le nostre interpretazioni del passato. La ricerca della verità, indipendentemente dalla sua natura, è una forza motrice nella scienza e nella conoscenza umana. Se alcune delle nostre scoperte più avanzate sono state influenzate da visitatori extraterrestri, ciò implicherebbe una connessione cosmica che trascende le nostre attuali concezioni di tempo e spazio.

Un aneddoto conclusivo riguarda le similitudini tra le piramidi egizie e quelle maya. Entrambe le culture hanno costruito strutture piramidali con una precisione straordinaria e un allineamento astronomico che riflette una comprensione avanzata dei cicli celesti. Questa convergenza potrebbe suggerire una diffusione di conoscenze avanzate attraverso contatti extraterrestri, o potrebbe semplicemente essere il risultato di un ingegno umano simile in culture diverse.

Mentre il cielo stellato continua a brillare sopra di noi, le domande sull'origine delle nostre conoscenze scientifiche rimangono aperte. Che le scoperte siano il frutto di un ingegno umano straordinario o di una possibile eredità aliena, esse rappresentano il nostro incessante desiderio di comprendere l'universo e il nostro posto in esso. In questo intreccio di scienza, storia e speculazione, emerge una narrazione che ci invita a guardare oltre le nostre attuali conoscenze e a considerare le infinite possibilità che l'universo offre. L'eredità aliena nelle scienze, se mai confermata, potrebbe ridefinire la nostra storia e aprire nuove frontiere di comprensione e interazione cosmica, ricordandoci che la ricerca della conoscenza è un viaggio senza fine, costantemente guidato dalla nostra curiosità e dalla nostra immaginazione.

Quando Torneranno?

La notte era particolarmente limpida, e il silenzio avvolgeva la piccola città costiera. In cima alla collina, un osservatorio astronomico scrutava l'infinito cielo stellato, cercando segnali di vita oltre i confini del nostro pianeta. Questa scena, quasi poetica, incarna la speranza e la curiosità che l'umanità nutre da sempre riguardo all'esistenza di civiltà extraterrestri. Ma cosa succederebbe se questi visitatori del passato fossero tornati, o se fossero in procinto di tornare, influenzando nuovamente il corso della nostra storia?

La teoria degli antichi astronauti non si limita a interpretazioni del passato, ma solleva anche interrogativi sul futuro dei contatti con civiltà aliene. "Quando Torneranno?" non è solo una domanda di natura speculativa, ma riflette un desiderio umano fondamentale di connessione e comprensione dell'universo.

Un dato sorprendente proviene dall'analisi dei segnali radio provenienti dallo spazio. Negli ultimi decenni, progetti come SETI (Search for Extraterrestrial Intelligence) hanno dedicato risorse significative alla ricerca di segnali intelligenti. Sebbene finora non abbiano rilevato prove concrete di vita extraterrestre, la vastità dell'universo e la crescente consapevolezza delle potenziali zone abitabili suggeriscono che il contatto potrebbe avvenire in un prossimo futuro. La scoperta di esopianeti simili alla Terra nelle zone abitabili di altre stelle alimenta ulteriormente questa speranza.

Un aneddoto emblematico riguarda il famoso caso di Wow! Signal, un impulso radio rilevato nel 1977 dall'Osservatorio di Big Ear. Questo segnale, con caratteristiche che sembravano artificiali, rimane uno dei più intriganti nella storia della ricerca extraterrestre. Nonostante numerose analisi, il segnale non è mai stato ripetuto, lasciando un alone di mistero e alimentando speculazioni su possibili contatti futuri.

La riflessione sui possibili ritorni di civiltà extraterrestri porta a considerare le implicazioni sociali, culturali ed etiche di tali incontri. Se una civiltà avanzata dovesse tornare sulla Terra, come reagirebbe l'umanità? Le potenziali influenze potrebbero spaziare dalla condivisione di conoscenze scientifiche avanzate all'alterazione delle strutture sociali e politiche globali. L'integrazione di tecnologie aliene potrebbe accelerare il progresso umano, ma potrebbe anche portare a conflitti derivanti da differenze culturali e filosofiche.

Un parallelismo interessante si trova nelle opere di fantascienza, dove l'incontro con civiltà extraterrestri spesso porta a trasformazioni radicali della società umana. Ad esempio, nel romanzo "2001: Odissea nello Spazio" di Arthur C. Clarke, il contatto con una intelligenza aliena ha un impatto profondamente trasformativo sull'umanità, spingendola verso nuove frontiere di conoscenza e evoluzione. Queste narrazioni riflettono il nostro desiderio di comprendere come l'umanità potrebbe reagire e adattarsi a tali incontri.

Dal punto di vista scientifico, la possibilità di futuri contatti extraterrestri stimola una vasta gamma di ricerche e progetti innovativi. Missioni spaziali come quelle destinate a Marte e alle lune di Giove e Saturno cercano segni di vita passata o presente, mentre telescopi avanzati come il James Webb Space Telescope esplorano atmosfere di esopianeti alla ricerca di biofirme. Questi sforzi rappresentano il nostro tentativo di prepararsi per una possibile futura interazione, sviluppando tecnologie e protocolli per comunicare con civiltà aliene.

Un altro aspetto cruciale è la preparazione mentale e culturale dell'umanità per un eventuale contatto. La comunicazione con esseri extraterrestri richiederebbe una comprensione profonda delle loro lingue, culture e tecnologie, oltre a una riflessione etica su come gestire tali interazioni. Le istituzioni educative e culturali potrebbero dover adattarsi per integrare nuove conoscenze e prospettive, promuovendo una visione cosmica della nostra esistenza.

Nonostante l'entusiasmo e la speranza, esistono anche timori e preoccupazioni riguardo ai futuri contatti. La paura di invasioni, sfruttamento o conflitti culturali potrebbe influenzare negativamente la percezione pubblica e le risposte politiche a tali eventi. È essenziale sviluppare un approccio equilibrato, che consideri sia le potenzialità positive che i rischi associati ai contatti extraterrestri, promuovendo una cooperazione internazionale e una governance globale per gestire efficacemente tali incontri.

La speculazione sulla possibilità di futuri contatti extraterrestri invita anche a riflettere sulla nostra evoluzione come specie. L'incontro con civiltà aliene potrebbe fungere da catalizzatore per un'evoluzione culturale e tecnologica accelerata, spingendoci a superare le nostre limitazioni attuali e a esplorare nuove dimensioni della conoscenza. Tuttavia, questa evoluzione potrebbe anche portare a sfide impreviste, richiedendo una resilienza e una capacità di adattamento che vanno al di là delle nostre attuali competenze.

Un esempio illuminante è la teoria delle matrici di Dyson, che ipotizza che civiltà avanzate possano costruire megastrutture per catturare energia dalle stelle. Se tali strutture fossero mai rilevate, rappresenterebbero una prova tangibile dell'esistenza di civiltà extraterrestri e delle loro capacità tecnologiche. La scoperta di tali fenomeni potrebbe spingere l'umanità a ripensare le sue strategie energetiche e tecnologiche, integrando conoscenze e tecnologie avanzate provenienti da oltre il nostro pianeta.

La riflessione finale su "Quando Torneranno?" ci porta a considerare la nostra responsabilità nell'universo. Come custodi del nostro pianeta e della nostra cultura, dobbiamo prepararci per un possibile futuro di incontri interstellari, promuovendo una visione di cooperazione e rispetto reciproco. La nostra capacità di accogliere e integrare nuove conoscenze determinerà il successo e la sostenibilità della nostra civiltà nell'affrontare le sfide e le opportunità che un contatto extraterrestre potrebbe portare.

Mentre il cielo notturno continua a brillare con infinite stelle, la domanda su quando torneranno gli extraterrestri rimane aperta, avvolta nel mistero e nella speranza. La nostra ricerca di risposte continua, guidata dalla curiosità e dalla determinazione di comprendere il nostro posto nell'universo. Che il futuro ci riservi incontri illuminanti o semplicemente nuove scoperte scientifiche, l'essenza della nostra ricerca rimane invariata: una costante esplorazione del possibile e un incessante desiderio di conoscere l'ignoto.

In questo viaggio senza fine verso le stelle, l'umanità si trova di fronte a una scelta cruciale: abbracciare la possibilità di connessioni cosmiche o continuare a cercare risposte all'interno dei confini terrestri. La risposta a "Quando Torneranno?" potrebbe non essere solo una questione di tempo, ma di preparazione, volontà e apertura mentale, elementi essenziali per accogliere un futuro potenzialmente interstellare.

Lezione dal Passato, Visione del Futuro

Il crepuscolo dipingeva il cielo di sfumature arancioni e viola mentre camminavo lungo un sentiero antico, serpeggiante tra le rovine di un tempio dimenticato. Ogni pietra raccontava una storia, ogni incisione un segreto custodito gelosamente dal tempo. In questo scenario quasi mistico, riflettevo su come le interazioni passate con entità extraterrestri, se mai avvenute, potessero offrire preziose lezioni per il nostro futuro. Ma cosa significherebbe davvero apprendere dal passato per plasmare un domani migliore?

La teoria degli antichi astronauti ha sempre affascinato l'immaginazione umana, proponendo che visitatori da altri mondi abbiano influenzato lo sviluppo delle nostre civiltà. Se accettiamo questa ipotesi, emerge una dimensione completamente nuova nella comprensione della nostra storia. Le piramidi di Giza, le linee di Nazca, Stonehenge: monumenti che sembrano sfidare la logica delle capacità tecniche delle epoche in cui furono costruiti. Se questi capolavori architettonici sono il risultato di collaborazioni extraterrestri, quali insegnamenti possiamo trarre da tali incontri passati?

Un aspetto cruciale è la trasmissione di conoscenze avanzate. Le civiltà antiche che presuntamente interagirono con esseri alieni acquisirono tecnologie e sapere che accelerarono il loro progresso. Dalla costruzione di monumenti straordinari alla comprensione delle stelle, queste influenze avrebbero potuto fungere da catalizzatori per innovazioni che altrimenti richiederebbero secoli di sviluppo. Guardando al futuro, possiamo imparare l'importanza della condivisione del sapere e della collaborazione interstellare come strumenti per affrontare le sfide globali. Se una civiltà avanzata ha già visitato la Terra, possiamo presumere che esistano altre intelligenze cosmiche disposte a condividere le loro conoscenze. La nostra apertura a tali interazioni potrebbe accelerare il nostro progresso tecnologico e culturale in modi inimmaginabili.

Un altro insegnamento significativo riguarda la sostenibilità e l'equilibrio con l'ambiente. Le civiltà che hanno costruito strutture come le piramidi dimostrano una profonda comprensione dell'architettura sostenibile e dell'uso efficiente delle risorse. Se queste conoscenze derivano da influenze extraterrestri, possiamo riflettere su come integrare tali principi nella nostra società moderna, affrontando le crisi ambientali con soluzioni innovative e sostenibili. La visione di un mondo dove tecnologia avanzata e rispetto per la natura coesistono armoniosamente è un ideale che potrebbe essere realizzato attraverso l'apprendimento e l'applicazione delle lezioni del passato.

La riflessione sulle interazioni passate con alieni ci spinge anche a considerare la nostra identità e il nostro posto nell'universo. Se siamo stati influenzati da entità extraterrestri, ciò implica una connessione cosmica che va oltre la nostra percezione limitata del sé. Questo senso di appartenenza a una comunità universale può promuovere una maggiore empatia e cooperazione globale, unendo l'umanità verso obiettivi comuni. La consapevolezza di non essere soli nell'universo può rafforzare la nostra determinazione a superare le divisioni interne e a lavorare insieme per un futuro condiviso.

Un aneddoto significativo che illustra questo concetto è la scoperta di simboli e tecnologie avanzate in antiche civiltà, spesso interpretati come prove di conoscenze extraterrestri. La Piramide di Kukulkan a Chichen Itza, con il suo allineamento astronomico che crea l'illusione di una serpe che scende lungo i gradini durante gli equinozi, suggerisce una comprensione sofisticata delle illusioni ottiche e delle interazioni luce-architettura. Se tali conoscenze derivano da incontri con civiltà avanzate, possiamo trarre ispirazione per sviluppare tecnologie che sfruttano le proprietà della luce e dell'energia in modi ancora più efficienti e sostenibili.

Tuttavia, è essenziale affrontare queste teorie con un approccio critico e bilanciato. La storia della scienza umana è ricca di innovazioni che sono nate dall'ingegno, dalla perseveranza e dalla collaborazione tra individui e comunità. L'idea che le nostre conquiste possano essere il risultato di influenze esterne non deve sminuire il valore del nostro ingegno, ma piuttosto evidenziare la potenzialità di un'interazione tra intelligenze diverse per raggiungere traguardi comuni. Questa prospettiva può incoraggiare una visione più ampia e inclusiva del progresso umano, dove la collaborazione interstellare diventa una naturale estensione della nostra evoluzione culturale.

La lezione più profonda che possiamo trarre dal concetto di influenze extraterrestri nel passato è la necessità di mantenere una mente aperta e una curiosità incessante. La scienza e la conoscenza umana sono in continua evoluzione, e l'apertura a nuove idee e prospettive è fondamentale per il nostro progresso. La possibilità di interazioni con civiltà aliene, se mai realizzate, rappresenterebbe una delle più grandi opportunità di apprendimento e crescita per l'umanità. La nostra capacità di adattarci, di integrare nuove conoscenze e di innovare sarà determinante nel plasmare un futuro luminoso e sostenibile.

In conclusione, riflettere sulle interazioni passate con entità extraterrestri ci offre un'opportunità unica per guidare il nostro progresso futuro. Se accettiamo la possibilità che la nostra storia sia stata influenzata da civiltà avanzate, possiamo adottare un approccio più collaborativo e sostenibile verso il nostro sviluppo tecnologico e culturale. La lezione dal passato ci insegna l'importanza della condivisione del sapere, della sostenibilità e della cooperazione globale, principi che sono fondamentali per affrontare le sfide del nostro tempo e costruire un futuro migliore. Mentre continuiamo a scrutare le stelle in cerca di risposte, portiamo con noi la saggezza delle lezioni del passato, pronti a intrecciare la nostra storia con le infinite possibilità che l'universo ha da offrire.

Conclusione

Il silenzio della notte avvolgeva il paesaggio, mentre le stelle scintillavano sopra le rovine di antiche civiltà. Ogni luce nel cielo sembrava raccontare una storia, un filo invisibile che collega il passato al presente, il terrestre all'extraterrestre. Attraverso le pagine di questo libro, abbiamo viaggiato attraverso i secoli, esplorando monumenti enigmatici, testi sacri e tecnologie perdute, cercando di svelare i misteri che potrebbero celarsi dietro le conquiste delle nostre antiche civiltà.

La teoria degli antichi astronauti, sebbene controversa e spesso criticata, ci ha offerto una prospettiva affascinante e stimolante sulla storia umana. Abbiamo esaminato come le piramidi di Giza, le linee di Nazca e Stonehenge possano rappresentare più di semplici testimonianze dell'ingegno umano, suggerendo possibili interazioni con esseri provenienti da altri mondi. Abbiamo considerato come testi antichi, miti e tecnologie apparentemente avanzate possano essere interpretati come segni di un'influenza extraterrestre, che ha guidato e accelerato lo sviluppo culturale e scientifico dell'umanità.

Ma oltre all'analisi delle prove e delle teorie, questo viaggio ci ha invitato a riflettere su questioni più profonde e fondamentali. Se accettiamo la possibilità che civiltà avanzate abbiano influenzato il nostro passato, quali lezioni possiamo trarre per il nostro futuro? La storia, con tutte le sue complessità e sfumature, non è solo una serie di eventi da studiare, ma un insegnamento continuo su chi siamo e su dove possiamo andare.

Una delle lezioni più preziose è l'importanza della curiosità e dell'apertura mentale. La ricerca della verità, anche quando ci porta oltre i confini delle nostre convinzioni consolidate, è ciò che ha spinto l'umanità a fare progressi straordinari. Se le civiltà extraterrestri hanno davvero condiviso con noi conoscenze avanzate, questo ci insegna che la collaborazione e lo scambio di idee possono superare qualsiasi barriera culturale o tecnologica. In un mondo sempre più globalizzato e interconnesso, questa lezione è più rilevante che mai.

Un'altra riflessione riguarda la sostenibilità e l'equilibrio con il nostro ambiente. Le antiche civiltà che hanno costruito monumenti monumentali dimostrano una profonda comprensione dell'architettura sostenibile e dell'uso efficiente delle risorse. Se queste conoscenze derivano da influenze extraterrestri, possiamo ispirarci a queste pratiche per affrontare le sfide ambientali contemporanee. L'integrazione di principi di sostenibilità nella nostra vita quotidiana e nelle nostre tecnologie potrebbe essere la chiave per un futuro prospero e armonioso.

La teoria degli antichi astronauti ci ha anche spinto a riconsiderare la nostra identità e il nostro posto nell'universo. Se siamo parte di una rete cosmica di intelligenze, questa consapevolezza potrebbe promuovere una maggiore empatia e cooperazione globale. Comprendere che non siamo soli, e che la nostra esistenza è interconnessa con altre forme di vita intelligente, potrebbe rafforzare la nostra determinazione a superare le divisioni interne e a lavorare insieme per un bene comune.

Tuttavia, è fondamentale affrontare queste teorie con un equilibrio tra apertura mentale e rigore scientifico. La scienza tradizionale ci offre spiegazioni basate sull'ingegno umano, sull'evoluzione culturale e sulla perseveranza. L'inganno di ribaltare questi concetti per includere influenze esterne richiede prove concrete e replicabili, che finora rimangono elusive. La critica costruttiva e il dibattito continuo sono essenziali per mantenere viva la nostra curiosità senza perdere il contatto con il rigore accademico.

In questo intreccio di scienza, storia e speculazione, emerge una narrazione che ci invita a guardare oltre le nostre conoscenze attuali e a considerare le infinite possibilità che l'universo ha da offrire. Le teorie esplorate in questo libro non sono solo ipotesi, ma stimoli per una riflessione profonda sulla nostra esistenza e sul nostro futuro. Che queste idee rimangano nel regno della speculazione o si trasformino in realtà scoperte concrete, esse rappresentano il nostro incessante desiderio di comprendere l'ignoto e di spingere i confini della conoscenza umana.

Ringrazio ogni lettore che ha intrapreso questo viaggio attraverso le pagine di "Cronache da Altri Mondi". La vostra curiosità e apertura mentale sono ciò che rende possibile la continua esplorazione dei misteri dell'universo. Che il nostro cammino verso la comprensione del passato ci guidi verso un futuro di scoperta, cooperazione e armonia cosmica. Che le stelle continuino a brillare come fari di conoscenza e speranza, illuminando il nostro percorso nell'infinito mare dell'universo.

www.ingramcontent.com/pod-product-compliance
Lightning Source LLC
Chambersburg PA
CBHW031420210526
45464CB00005B/1976